生态环境管理与大数据应用研究

王　汨◎著

吉林出版集团股份有限公司

全国百佳图书出版单位

图书在版编目（CIP）数据

生态环境管理与大数据应用研究 / 王汩著 . —— 长春：
吉林出版集团股份有限公司 , 2024. 7. —— ISBN 978-7
-5731-5495-8

Ⅰ . X171.1-39

中国国家版本馆 CIP 数据核字第 2024AE1029 号

生态环境管理与大数据应用研究

SHENGTAI HUANJING GUANLI YU DASHUJU YINGYONG YANJIU

著　　者	王　汩	
责任编辑	祖　航	
封面设计	李　伟	
开　　本	710mm×1000mm	1/16
字　　数	200 千	
印　　张	11	
版　　次	2025 年 1 月第 1 版	
印　　次	2025 年 1 月第 1 次印刷	
印　　刷	天津和萱印刷有限公司	

出　　版	吉林出版集团股份有限公司
发　　行	吉林出版集团股份有限公司
地　　址	吉林省长春市福祉大路 5788 号
邮　　编	130000
电　　话	0431-81629968
邮　　箱	11915286@qq.com
书　　号	ISBN 978-7-5731-5495-8
定　　价	66.00 元

　　当今社会，随着人口的增加、工业的发展和城市化进程的快速推进，加剧了生态环境问题的严重程度。全球各地的生态环境都面临着日益严峻的问题，其中包括气候变化、生物多样性丧失、水资源短缺和土壤质量下降等问题。这些问题给社会经济的可持续发展和人类的生存带来了巨大的挑战。首先，全球变暖导致温度上升、极端天气事件（如洪涝、干旱、飓风）频发，威胁着农业、水资源和人类安全。冰川融化导致海平面上升等现象还威胁着沿海地区的居民和生态系统。其次，人类活动导致的森林砍伐、栖息地破坏、过度捕捞和物种迁移等因素，加速了许多物种的灭绝。这不仅对生态平衡和食物链造成负面影响，甚至损害人类的生物资源和生态服务。此外，很多地区正面临日益加剧的水资源紧缺，这给居民的日常生活、农业灌溉和工业生产都带来了困难。水资源的不合理利用和过度开采以及水污染问题，都导致了水资源供应的不可持续性。与此同时，过度的土地开垦、化肥和农药的过度使用，以及土地侵蚀等因素，导致了土壤质量的恶化和退化，这严重影响了农作物的生长和产量，而土壤污染更是对生态环境和人类健康造成潜在风险。在这个关键时刻，大数据技术的迅猛发展为人们应对生态环境管理挑战提供了新的解决方案。大数据的出现为人们提供了前所未有的机会，通过收集、存储和分析海量数据，人们可以更好地理解自然系统和人类活动之间的相互作用，预测环境变化的趋势，制定科学有效的生态环境管理策略。

　　本书第一章为生态环境管理概述，分别介绍了生态环境管理的内容与职能、生态环境管理的理论基础、生态环境管理的技术基础、生态环境管理的实施方法四个方面的内容；第二章为水环境管理，主要介绍了三个方面的内容，依次是地表水环境管理、地下水环境管理、海洋环境管理；第三章为土壤环境管理，分别介绍了三个方面的内容，依次是土壤环境管理的对象、目标及政策，土壤环境监测质量管理，污染场地土壤环境修复管理；第四章为大气环境管理，依次介绍了大气污染现状、大气污染物的危害、大气污染综合防治三个方面的内容；第五章为大数据下生态环境信息资源整合共享，主要介绍了三个方面的内容，分别是生态环境信息资源体系、生态环境信息资源治理、生态环境信息资源共享；第六章为大数据在生态环境管理与监测中的应用，主要介绍了两个方面的内容，分别是构建生态环境大数据管理支撑平台、运用生态环境监测大数据技术。

在撰写本书的过程中，作者参考了大量的学术文献，得到了许多专家学者的帮助，在此表示真诚感谢。由于作者水平有限，书中难免有疏漏之处，希望广大同行指正。

王泪

2023 年 11 月

目 录

第一章 生态环境管理概述

本章为生态环境管理概述，分别介绍了生态环境管理的内容与职能、生态环境管理的理论基础、生态环境管理的技术基础、生态环境管理的实施方法四个方面的内容。

第一节 生态环境管理的内容与职能

生态环境管理是政府环境保护机构依据国家和地方制定的有关自然资源与生态保护的法律法规、条例、技术规范、标准等所进行的行政管理工作。对自然资源开发项目的生态环境影响实施有效管理是其日常工作的一个重要组成部分。

一、生态环境管理的内容

生态环境管理的内容一般包括：①识别生态环境因素，特别要注意识别和判断具有重大影响的因素和具有一定敏感性的因素。②对照选择控制破坏因素、保护敏感因素的国家和地方的法律法规和标准。③在法律法规、标准或其他要求下，针对管理对象的特点，制定管理目标和指标。④制定旨在实现上述管理目标和指标的管理方案，管理方案应包括管理方法、时间和经费等详细情况。⑤落实机构和人员编制，进行职能和职责分工，进行必要的能力培训。⑥建立档案保存、查询制度和重大事件报告制度。⑦制订并实施生态环境监测计划，监测计划应包括监测时段、监测点位、监测项目、监测的仪器设备、监测人员、监测数据管理和报告的编写、上报及信息反馈。

二、生态环境管理的职能

就现实情况而言，生态环境管理的职能指的是生态环境管理的相关职责以及功能。在生态环境管理工作的整个实践过程中，这种职责和功能均有所体现。

具体来看，生态环境管理的基本职能包括计划、组织、监督、协调、指导和服务这六个方面。

（一）计划职能

在计划工作中，至关重要的一点便是确保未来的管理活动的均衡发展。而对此提前进行周密的研究可以避免在未来的生态环境管理中由于缺乏依据而作出草率的判断，进而减少不必要的活动所导致的浪费。

随着社会的进步和科技的发展，人类所面临的生态挑战不断增加，对环境问题的认识也在不断提高。因此，人类必须不断调整环境战略和对策。而计划则是通过预测，有效地管理生态环境，并减少其负面影响的重要手段。

计划是一种提升管理效益、有效减少资源和时间浪费的方法。它是为了规避未来的风险而采取的一项措施，同时也是生态环境管理的依据。如果没有设定计划，管理就会变得随意且缺乏目标，同时也无法客观评估管理工作的效果。因此，生态环境管理的首要职能就是计划职能。

计划职能，是指提前设定具体的方案和步骤，包括制定短期和长期的管理目标，并确定实现这些目标的方法和措施。而上述这些，均是在进行生态环境管理活动之前完成的。简而言之，计划职能是指对未来的环境管理目标、对策和措施进行规划和安排。

计划职能的内容主要包括五个方面：评估和预测生态环境管理对象未来的情势和演变；制定生态环境管理目标，涉及明确任务、制定对策和实施相关措施等；制定实施目标计划的方案，作出决策，评估各种方案的可行性，并选择可信赖的方案；制定生态环境保护的整体规划，生态环境保护的每年计划以及各项具体活动的计划；检查与总结计划的执行情况。

环境保护计划按对计划执行者的约束力可分为指令性计划和指导性计划。环境保护指令性计划是相关部门下达的，具有行政约束力的环境保护计划。环境保护指导性计划是具有指导和参考作用的环境保护计划。指导性计划一经下达，各级地方政府以及计划执行单位可根据本地区的实际情况，决定是否按指导性计划开展工作。这是一种间接的计划方法，上级为了促使下级按指导性计划开展环保工作，不采用行政命令的方式，而是利用价格、税收、信贷等经济杠杆进行调节，同时还可以通过制定经济政策和经济法规对计划进行指导。对执行环境保护指导性计划任务的单位，给予某种优惠待遇，会使下级执行单位在决策时感到执行指导性计划更为有利，从而调动计划执行单位的环境保护积极性，使其变被动服从为主动参与。

环境保护计划按计划期限的长短可以分为长期计划、中期计划和短期计划。十年以上的环境保护计划属于长期计划，也称为长期环境规划。长期计划主要解决两方面的问题：一是环境保护的长远目标和发展方向是什么，二是怎样去实现环境保护的长远目标。五年环境保护计划属于中期计划，也称为中期环境规划。中期计划与长期计划的内容基本一致，但更为详细和具体，具有衔接长期计划和短期计划的作用。长期计划以问题为中心，而中期计划以时间为中心，它包括各年的计划。中期计划往往依照管理组织的各种职能进行制订，并着重各计划之间的综合平衡，使比较松散的长期计划变得更加严谨，从而保证计划的连续性和稳定性。所以说，中期环境保护计划赋予长期计划具体内容，又为短期计划指明了方向。

（二）组织职能

为了确保实践中的有效管理，我们需要构建一个高效的组织结构，以合理组织和协调活动中的各个要素和人们之间的相互关系，旨在更好地实现生态环境管理目标和计划。

由此，环境管理的组织职能主要分为内部生态环境管理职能和外部生态环境管理职能两个方面。

详细来讲，生态环境管理的组织职能的目的是达成生态环境管理目标，通过对环境保护活动进行合理分工和协作，正确处理人际关系，调整社会各阶层的经济利益关系，协调并动员社会的各方力量，进而实现对各种资源的合理配置以及利用。

1. 内部组织职能

生态环境管理的内部组织职能，同时也是环境保护部门的内部组织职能，涉及多个层面和主体的协同合作。从政府的角度来看，环境保护部门作为主要的执行者，承担着制定政策、监督实施和法律责任追究等职能。政府在环境保护中的主导作用体现在通过立法和政策引导等方面。企业在环境保护中也扮演着重要角色。企业不仅需要遵守环保法规，还需要与政府和其他社会组织合作，共同推动环境保护的实施。社会组织和公众也是环境保护的重要参与者。他们通过参与环保活动、监督企业和政府的行为，以及推动相关法律法规的制定和完善，共同推动环境保护工作的进展。

为了优化管理系统的组织职能，我们需要按照一般管理学中的动态组织设计原则，即按照职权和知识相结合的原则、集权与分权相平衡的原则、弹性结构原则。在这方面，一般管理学的理论与方法具有普遍的适用性。

优化生态环境管理系统的组织职能对于实现生态文明建设和环境保护具有重要作用。首先，通过整合和优化组织职能，可以提高生态环境保护的效率和效果。而且，通过科学合理地划分职责范围，以及选择合适的整合机制，能够构建统一、权威和高效的执法体制，从而更有效地应对生态环境保护的挑战。另外，通过优化组织职能，可以更好地协调政府、企业、社会组织与公众之间的关系，实现环境治理的和谐、制衡、稳定、公平和效率。

2. 外部组织职能

生态环境管理的外部组织职能也称为生态环境保护部门的外部组织职能。

具体而言，其主要包含四方面的内容：

（1）根据国家和上级环保部门的有关规定，由地方政府领导、组织本地区的城市环境保护工作。

（2）根据国家和上级环保部门的有关规定，由地方政府领导、组织本地区的乡镇和农业环境保护工作。

（3）依据国家资源和生态保护相关政策，致力于推动本地区以资源开发活动为核心的生态环境保护工作。

（4）对本地区的重大环境问题的执法监督管理工作予以组织和协调。

（三）监督职能

生态环境监督指的是对生态环境质量的监测与对一切影响生态环境质量行为

的监察。这里强调的主要是后者，即对危害生态环境行为的监察和对保护生态环境行为的督促。生态环境质量的监督主要由生态环境监督机关负责实施。

为什么要实行环境监督？保护环境是一项艰巨而复杂的任务，没有强有力的监督，即使有了法律和规划进行协调，环境保护也是难以进行的，因此实行监督尤为重要。

环境监督之所以必要，是因为环境法规的实施具有以下三个特点：一是环境法的制约对象不单是公民个人，还包含许多机关、团体、企事业单位；二是保护和改善环境受到经济实力和技术条件制约，这使环境法规实施难度更大；三是虽然我国环境法规已明确给予各级环保部门环境监督权，但因受种种条件限制，这一权力的行使还须完善与加强。因此，强化生态环境监督是当前深化改革、转变职能、改善环保工作的一项迫切任务。

生态环境管理的监督职能是监督和处理与生态环境管理相关的活动，以确保对生态环境质量进行监测和检查。

环境监督的目的是确保公民的环境权能够得到尊重和保护，让他们能够在适宜的环境中生活和发展。维护环境权的核心在于保护人民的直接和间接利益，其中包括子孙后代的长期利益。这种利益可以通过达到一定标准的环境质量来实现。所以，环境监督的基本任务是通过监督来维护和改善环境质量。

环境监督的内容包括：监督环境政策、法律、规定和标准的实施；监督环保规划、计划的实行；监督各有关部门所担负的环保工作的执行情况。环境监督的基本程序包含四步。首先，制定监督标准。由于监督的类型、内容和对象不同，其监督的标准也是不同的。其次，衡量实际效果。对于内部监督而言，就是管理人员的工作绩效；对于外部监督而言，就是被管理者执行国家环境法律法规和标准的实际水平。再次，将实际效果同预定的管理目标相比较，弄清是否出现了偏差。最后，采取针对性的纠正措施，或者强化管理以提高管理客体的实际效能，或者修正和调整管理主体的监督标准。监督是管理成功与否的关键，因而，环境监督是生态环境管理的关键职能。

从监督的对象来看，生态环境管理监督可分为两种，即经济主体监督和行政主体监督。

经济主体监督是指生态环境管理部门对所有经济行为主体依法开展的环境监

督，这包括对企业的生产与经营行为、资源的开发与建设活动、资源保护与利用行为以及人们消费行为的环境监督等。

行政主体监督是指生态环境管理部门对依法赋予环境保护责任与义务的政府其他部门和所有经济行为主体的行政主管部门进行有关环境保护的计划和实施情况依法开展的环境监督。这些部门包括：经济部门、工业部门、交通运输部门、水利部门、农业部门、林业部门、土地部门、能源部门、港监部门、建设部门、工商部门、税务部门、公安部门、海洋部门等。

从监督的时序来看，生态环境管理监督可分为三种：预先监督、现场监督和反馈监督。

预先监督，也称前馈监督或环境计划监督，指的是为了确保在计划执行过程中不偏离预定目标。生态环境管理部门对依法承担环境保护责任和义务的其他行政单位、企业的行政主管部门以及企业环境保护计划的制定进行相应的监督与检查。

现场监督是生态环境管理部门在计划执行过程中根据国家和地方政府的环境法律法规和标准，直接对各种经济行为主体的生产与经营活动、资源部门的开发与建设活动以及其他产生环境污染的行为进行现场检查、处理，以制止环境污染和生态破坏的监督行为。现场监督是生态环境管理中最主要的监督形式，大量违法行为的查处和环境问题的解决都是通过现场监督获取第一手材料和信息。例如，企业执行"三同时"制度的情况、开发建设活动的项目管理、污染治理方案的实施和污染事故处理等，都是通过现场环境监督来获取第一手材料的。

反馈监督是通过借鉴过往经验、数据等信息内容，引导或规范未来管理行为的监督方式。这种监督主要分析生态环境管理工作的执行结果，预测未来变化，找出已发生的或潜在的因素，以控制下一过程的变化。

从监督的功能来看，生态环境管理监督可分为两种：内部管理监督和外部管理监督。

内部监督是管理组织的自身监督，主要指生态环境管理部门从执法水平和执法规范两个方面开展的系统内部的监督。通过内部监督，我们可以加强环保执法队伍的自身建设，提高环境执法人员的政策和执法水平。

外部监督是管理组织对被管理者实施的监督，它主要指生态环境管理部门依据国家的环境法律法规、标准以及行政执法规范对一切经济行为主体以及行政主管部门开展的环境监督。这种监督方式确保各经济行为主体以及行政主管部门履行生态环境责任，实施生态环境保护措施，遵守国家环境法律法规和标准，做好污染预防和治理工作，从而改善区域环境质量。

内部监督和外部监督是强化生态环境管理的两个重要方面，缺一不可。其中，外部监督是环境保护部门开展生态环境管理的主要监督内容和形式。

（四）协调职能

生态环境管理需要涉及多个领域，需要各个部门之间协同合作，各司其职。因此，协调被视为生态环境管理者的关键职责。

就宏观层面而言，生态环境管理旨在平衡环境保护、经济发展和社会进步三者之间的关系，以推动国家和社会的可持续发展。这意味着需要协调社会各个领域和部门，平衡不同层次人群的需求和经济利益，从而与环境标准相契合。

就微观层面而言，在实现管理目标的过程中，协调职能旨在调和各种横向和纵向关系及联系。

环境机构组织在内部和外部管理方面，都需要确保内部人员的思想认识和行动得到协调，以消除矛盾、降低内耗、优化组织结构，从而有效促进管理目标的实现。

在具体的实践过程中，协调可以减少环境纠纷，消减区域的不安定环境因素，切实加强跨区域或流域的环境保护。同时，协调可以充分调动地方政府各部门的环保热情，加强环境保护部门的管理与监督职能，促进区域环境治理工作的顺利开展。

另外，协调职能与监督职能之间存在着非常紧密的联系，监督管理的强化与协调息息相关。

环保事业涉及各行各业，搞好环境保护必须依靠各地区、各部门的共同努力，这就是生态环境管理的广泛性和群众性。同时，环境是一个整体，各项环保工作都存在着有机联系。在同一个地域内，各行各业必须在统一的方针、政策、法规、标准和规划的指导下进行，这就是生态环境管理的区域性和综合性。基于生态环境管理的这些特点，要求有一个部门进行统一协调，把各地区、各部门、各单位都调动起来，按照统一的目标要求，做好各自范围内的环境保护工作。可见，协调是生态环境管理的一项重要职能，特别是解决一些跨地区、跨部门的环境问题时，搞好协调就更为重要。但是，要真正把环境规划付诸实施，组织协调只是一个方面，更为重要的是实行切实有效的监督。总之，开展生态环境管理需要协调，只有通过协调，才能使步调一致，提高管理效率。而且，开展建设项目生态环境管理和污染治理也离不开综合协调。

（五）指导职能

指导职能是指生态环境管理者在实现管理目标的过程中，对有关部门提供的业务指导。指导职能包括纵向指导和横向指导：纵向指导是指上级生态环境管理部门对下级生态环境管理部门的业务指导；横向指导是指在同一政府领导下的生态环境管理部门对同级相关部门开展环境保护工作的业务指导。

（六）服务职能

服务职能是从指导职能中派生出来的一个职能。在新形势下，加强生态环境监督管理的同时，必须确保服务到位，这是生态环境管理的新要求。

从广义上讲，"管理就是服务"，生态环境管理工作要服务于经济建设大局；从狭义上讲，生态环境管理包含许多需要为经济部门和企业提供服务的内容，如污染防治技术咨询、环境法律和政策咨询、清洁生产咨询。

对于生态环境管理者而言，指导职能比服务职能具有更大的责任和义务，是管理者必须履行的，而服务职能是以服务需求的存在为前提，没有客体的需求就没有主体的服务。

第二节　生态环境管理的理论基础

一、可持续发展理论

在经济发展的过程中，现今的个体应当努力保证未来后代能够获得同等的利益与发展机遇，以及确保在同一代人中，一部分人的发展不会对其他人的利益造成损害。因此，现代人需要考虑的不单单是自身的利益，还需要考虑各代人的利益，为后代的发展留下空间。

就实际情况而言，自然资源储量以及环境的承载能力是有限的。经济社会发展的限制条件是由物质层面的稀缺性和经济层面的稀缺性所共同组成的。

虽然发展和经济增长在很大程度上相关联，但二者具有根本上的区别。与经济增长不同，发展是一个涵盖社会、科技、文化、环境等多方面因素的完整现象。

发展是每个国家或区域内部经济和社会制度都必须经历的实践过程。发展致力于实现社会整体的发展和进步，以所有人的利益增长为标准。因此，发展也是全人类共同且普遍享有的权利。无论是发达国家还是发展中国家，都拥有平等的且不可剥夺的发展权利。

中国生态环境部部长黄润秋在 2022 年联合国可持续发展高级别政治论坛部长级会议开幕式上指出，"坚定推进全球可持续发展，秉持人类命运共同体理念，加强应对气候变化、生物多样性保护、海洋污染治理等领域国际合作"[1]。可持续发展要与资源的可持续利用和环境的保护相协调，以保护自然为基础。因此，在推动发展的同时，人们必须重视环境保护工作，这包括有效控制环境污染、提升环境质量、保护生物多样性、保护生命保障系统、保持地球生态的完整性，以及实现可持续利用可再生资源等，以确保人类的发展与地球的生态承载力相适应。

二、管理学理论

著名的管理学家詹姆斯·罗森茨韦克提出："管理科学基本上可说是科学管理的发展……它所关心的主要是作为一个经济—技术系统的组织。"[2] 管理学作为一门科学起源于 19 世纪末 20 世纪初的美国，然而管理活动却和人类的历史一样悠久。可以说，自从有了人类活动，就有了管理，管理是随着生产力的发展而发展起来的。

一般说来，管理是一个非常重要的关于人类活动的组织、协调、控制、目标的活动和过程。正如人们能够感受到的那样，一个单独的人通常不需要管理，但

---

[1] 中华人民共和国生态环境部. 生态环境部部长黄润秋出席 2022 年联合国可持续发展高级别政治论坛部长级会议开幕式. [EB/OL]. （2022-7-14）[2023-10-10]. https://www.mee.gov.cn/ywdt/hjywnews/202207/t20220714_988674.shtml

[2] 卡斯特, 罗森茨韦克. 组织与管理：系统方法和权变方法［M］. 北京：中国社会科学出版社，1984：34.

当两个人共同工作时就存在着为实现共同目标所需要的意志、力量的协调。可见，凡是在由两人或两人以上组成的、需要通过协调达到一定目的的组织中，都存在着管理工作。大到管理世界、管理国家、管理政府、管理企业、管理学校、管理医院，小到管理家庭、管理子女、管理自己，以及管理自己的事业、行为、时间、精力、财富等，都涉及管理工作。

环境管理、资源管理、生态管理都是管理科学的重要研究领域，也是人类社会面临的最为重要和复杂的管理活动之一。

三、循环经济理论

"循环经济"（recycle economy）一词是由美国经济学家肯尼思·博尔丁在20世纪60年代提出的。不同的学者由于学术背景不同、研究角度不同，给出的定义也不尽相同。

有学者认为："从侧重循环的技术结构理论模式来看，循环经济是要模拟自然生态系统的'生产者—消费者—分解者（或还原者）'三元组织结构，在建立生态系统各要素之间的协同稳态关系或共生关系的基础上，通过互动整合和反馈循环等共同作用，实现物质循环、能量梯级利用和无废少废生产的基本功能。"[1]

黄贤金认为："循环经济学是以'自然—人类社会—空间'三维系统为支撑，研究在既定资源存量、环境容量、生态阈值综合约束下，以缓解资源、环境、生态问题为目标，运用经济学方法研究物质流、能源流的运行机理、方式、技术、效率、机制的一门应用经济学科。"[2]

周宏春和刘燕华认为："循环经济学是研究人们按照生态学规律从事经济活动的科学。"[3]

循环经济旨在促进社会、经济和环境的可持续发展，通过有效利用资源以及循环利用，减少甚至消除污染排放，从而保护环境。因此，循环经济要求依据生态学原则来对人类社会的经济活动予以指导，实现清洁生产和对废弃物进行综合利用的有机结合。可以这样说，循环经济本质上是一种生态经济。

---

[1] 李康．循环经济理论思索 [J]．环境科学研究，2007（1）：114-117.
[2] 黄贤金．循环经济学 [M]．南京：东南大学出版社，2009：78.
[3] 周宏春，刘燕华．循环经济学：修订版 [M]．北京：中国发展出版社，2008：36.

当前，社会上普遍推行的是国家发展和改革委员会（简称国家发改委）对循环经济的定义，即循环经济是一种以资源的高效利用和循环利用为核心，以"减量化、再利用、资源化"为原则，以"低消耗、低排放、高效率"为基本特征，符合可持续发展理念的经济增长模式。这一模式是对"大量生产、大量消费、大量废弃"的传统增长模式的根本变革。

这一定义不仅详细阐明了循环经济的基础、规则和属性，同时也表明了循环经济是一种符合可持续发展理念的经济增长方式，具有至关重要的现实意义，特别是在解决中国资源对经济发展制约的问题方面。

目前，循环经济理念正在逐渐改变企业的传统生产模式，引导企业开展清洁生产活动，并逐步建立"废物"零排放的循环经济发展模式。我们知道，大量的资源和能源是在工厂里消耗掉的，这些资源和能源要么转化为产品供人们生活所需，要么变成废弃物排放，如废水、废气、固体废物等污染物。企业的环境管理活动应该按照企业的环境管理体系要求进行，其目的就是促进企业最大限度减少或避免废弃物的产生与排放，实现循环经济。企业内部的环境管理体系只有围绕循环经济的要求设计、建立和运行，才能向公众传播循环经济思想，引导公众建立正确的消费观，改变其不合理的消费方式。对于公众而言，循环经济提倡绿色消费、朴素消费、简单消费，把废旧生活物品交送到回收再利用部门，而不是随手扔掉；教育公众爱护私用和公用物品与设施，最大限度地延长其使用时间。

四、生态经济学理论

对于生态经济学的定义，国内外学者、专家一直存在许多不同的表述和定义。

生态经济学主要关注的是当今世界所面临的众多急需解决的难题，包括酸雨、全球变暖和物种灭绝等。

生态经济是一种实现可持续发展的经济类型。因此，生态经济学研究应当以经济系统是生态系统的一个子系统作为理论基础。

生态经济学作为一门由生态学和经济学相互渗透、有机结合形成的边缘性质的学科，旨在从最广泛的领域对经济系统和生态系统之间的关系进行研究和探讨。生态经济学的研究重点是人类社会的经济行为与其对资源和环境演变的影响之间的关系。

第三节　生态环境管理的技术基础

一、环境标准

（一）环境标准概述

环境标准是关于环境保护、污染控制的各种准则及规范的总称。《中华人民共和国环境保护标准管理办法》中对环境标准的定义是：为保护人群健康、社会物质财富和维持生态平衡，对大气、水、土壤等环境质量、对污染源的监测方法及其他需要所制定的标准。

（二）我国环境标准体系

我国现行的环境标准体系由三类两级标准组成（《中华人民共和国环境标准管理办法》）。我国的环境标准分三类，即环境质量标准、控制污染标准和基础类标准；两级，即国家级标准和地方级标准。

国家级标准可以根据属性划分为强制性标准和推荐性标准。

强制性标准是指必须遵守并执行的标准，如果产品与强制性标准不相符，将会被禁止生产、销售以及进口；推荐性标准则属于国家鼓励自愿采纳的标准。

详细来讲，保障人体健康、人身及财产安全的标准和法律、行政法规规定强制执行的标准就是强制性标准，其他标准则是推荐性标准。例如，省、自治区、直辖市标准化行政主管部门制定的工业产品的安全、卫生要求的地方标准，在本行政区域内是强制性标准。

（三）环境标准的制定

制定环境标准的原则：需要保证人民健康；要综合考虑社会、经济、环境三方面的统一，要使污染控制的投入与经济承载力匹配，也要使环境承载力和社会承载力统一；要综合考虑各种类型的资源管理、各地的区域经济发展规划和环境规划的目标，为高功能区设定高标准，采用低功能区设定低标准；要和国内其他标准和规定相协调，还要和国际上的有关规定相协调。

制定环境标准的主要依据：第一，与生态环境和人类健康有关的各种学科基准值；第二，环境质量的目前状况、污染物的背景值和长期的环境规划目标；第三，当前国内外各种污染物的处理水平；第四，国家的财力水平和社会承受能力，污染物处理成本和污染造成的经济损失；第五，国际上有关环境的协定和规定，国内其他部门的环境标准。

在我国，国家环境标准由国务院环境保护行政主管部门组织制定、审批、发布和归口管理，并报国家标准局备案。其一般程序为：下达环境标准制订项目计划—组织制定标准（草案、征求意见稿、送审稿、报批稿）—审批—发布。地方标准由省、自治区、直辖市环境保护行政主管部门归口管理并组织制定，报请人民政府审批颁布。地方标准要报国务院环境保护行政主管部门备案。制定标准的部门应当组织由专家组成的标准化技术委员会，负责标准的草拟，参加标准草案的审查工作。技术委员会（TC）是在一定专业领域内，从事国家标准的起草和技术审查等标准化工作的非法人技术组织。

国家标准的制定与废止是动态循环的过程。随着社会、经济、科技的发展，新的更加科学合理的环境标准不断产生，而旧的环境标准不断废止。这使我国环境标准体系不断丰富和更新。在环境标准的制定过程中，国家权力机关、国家行政机关依法对环境标准制定机构、制定程序和制定依据进行监督，以保证环境标准制定的合法性。

（四）环境标准的作用

第一，环境标准是国家环境管理的技术支柱。

在环境标准的实施过程中，国家权力机关、国家行政机关依法对环境标准实施的全过程进行监督检查，以保证环境标准实施的合法性。一旦环境标准得到批准发布，有关单位和个人必须严格遵守，不能对此标准进行随意的改动或降低。凡是向已有地方污染物排放标准的区域排放污染物的行为，都应当严格执行地方污染物排放标准。凡不符合污染物排放标准并违反有关环境标准的法律规定的，都应依法承担相应的法律责任。

国家的环境管理涵盖环境规划与政策的制定、环境立法、环境监测与评价，以及日常的环境监督与管理等多个方面。而这些活动均需要将环境标准作为依据与依循，从而使国家环境管理的水平与效率能够得到体现。

第二，环境标准是制定和执行环境法律的重要基础和依据。

在对环境法进行落实的过程中，特别是在界定合法与违法的范围、明确法律责任的具体内容时，通常需要参考环境标准。然而，在许多的单行环境法规中，通常只规定了对污染物的排放必须符合特定标准、对于环境造成污染的人应该承担何种法律责任等问题。那么，什么情况下会被视为造成了污染，具体的排放污染物标准又是什么，这些则需要通过制定环境标准来予以明确。

第三，环境标准是制定国家环境计划和规划的主要参考基准。

国家在对环境计划、规划予以制定时，必须有一个明确的环境目标和相关的环境指标。这些目标和指标需要与环境标准的要求相符合，换句话说，它需要考虑国家的经济水平和技术水平，确保环境质量得以维持在适宜的水平上。因此，环境标准便成为制定环境计划与规划的主要依据。

二、环境监测

（一）环境监测的目的和任务

环境监测的目的是及时、准确地获取环境信息，以便进行环境质量评价并掌握环境变化趋势。其监测数据及分析结果可以为加强环境管理、开展环境科学研究、搞好环境保护提供科学依据。

环境监测主要任务有：第一，通过实时监测、连续监测、在线监测等，准确、及时、客观地反映环境质量；第二，积累长期的环境数据与资料，为掌握环境容量、预测和预报环境发展趋势提供依据；第三，进行污染源监测，揭示污染危害，探明污染程度及趋势；第四，及时分析监测数据及资料，建立监测数据及污染源分类技术档案，为制定环保法规、环境标准、环境污染防治对策提供依据。

（二）环境监测的特点

环境监测具有以下主要特点：

第一，生产性——环境监测的监测程序和质量保证了企业产品的生产工艺过程和管理模式，数据就是环境监测的产品。

第二，综合性——环境监测的内容广泛、污染物种类繁多、监测的方法手段各异、监测的数据处理和评价涉及自然和社会的诸多领域，因此环境监测具有很强的综合性。只有综合分析各种因素、综合运用各种技术手段、综合评价各种信息等，才能对环境质量作出准确的评价。

第三，追踪性——针对环境污染具有的特点，环境监测采样必须多点位、高频数，监测手段必须多样化，测定方法必须具有较高灵敏度、良好的选择性。同时监测程序的每一环节必须有完整的质量保证体系等，这样才能保证监测出的数据具有准确性、可比性和完整性，才能准确识别和追踪污染源、污染物及对污染物的影响。

第四，持续性——环境污染的特点决定了环境监测工作只有连续而长期地进行，才能客观、准确地对环境质量及其变化趋势作出正确的评价和判断。

第五，执法性——具有相应资质的环境监测部门所监测的数据，是执法部门对企业的排污情况、污染纠纷仲裁等执法性监督管理的依据。

（三）环境监测的分类

环境监测可以依照环境监测项目、监测的介质和对象、监测的方法和手段、污染来源和受体进行分类。

1. 按监测项目分类

按监测项目可以分为常规监测、特定监测和研究性监测三大类。

第一，常规监测（又称为监视性监测或例行监测）——对指定的有关项目进行定期的、连续的监测，以确定环境质量及污染源状况、评价控制措施的效果，衡量环境标准实施情况和环境保护工作的进展。这是监测工作中最基本的、最经常性的工作。监视性监测既包括对环境要素的监测，又包括对污染源的监督、监测。

第二，特定监测（又称为应急监测），根据特定的目的可分为以下四种：

污染事故监测——在发生污染事故时进行应急监测，以确定污染物扩散方向、速度和危及范围，为控制污染提供依据。这类监测常采用流动监测（车、船等）、简易监测、低空航测、遥感等手段。

仲裁监测——主要针对污染事故纠纷、环境法执行过程中所产生的矛盾进行监测。仲裁监测应由国家指定的权威部门进行，以提供具有法律责任的数据（公正数据），供执行部门、司法部门仲裁。

考核验证监测——包括人员考核、方法验证和污染治理项目竣工时的验收监测。

咨询服务监测——为政府部门、科研机构、生产单位所提供的服务性监测。例如建设新企业应进行环境影响评价，需要按评价要求进行监测。

第三，研究性监测（又称科研监测），是以某种科学研究为目的而进行的监测。例如环境本底的监测及研究；有毒有害物质对从业人员的影响研究；为监测工作本身服务的科研工作的监测，如统一方法、标准分析方法的研究、标准物质研制等。这类研究往往要求多学科合作进行。

2. 按监测的介质和对象分类

按监测的介质和对象可分为水质监测、空气监测、噪声监测、土壤监测、固体废物监测、生物污染监测和放射性监测等。

3. 按环境监测的方法和手段分类

按环境监测的方法和手段可以分为物理监测、化学监测和生物监测等。

4. 按环境污染来源和受体分类

按环境污染来源和受体可分为污染源监测、环境质量监测和环境影响监测。

第一，污染源监测是指对自然和人为污染源进行的监测。如对生活污水、工业污水、医院污水和城市污水中的污染物进行监测。

第二，环境质量监测，如大气环境质量监测、水（海洋、河流、湖泊、水库等地表水和地下水）环境质量监测等。

第三，环境影响监测是指环境受体，如人、动物、植物等受到大气污染物、水体污染物等的危害，为此而进行的监测。

（四）环境监测的一般程序、技术方法和质量保证

在环境监测目标的指导之下，环境监测一般按以下主要步骤进行：现场调查—确定监测项目—监测布点—采样—分析测定—数据处理—结果上报。

环境监测技术包括采样技术、测定技术、数据处理技术。

随着科技进步和环境监测的需要，环境监测在发展传统的化学分析的基础上，发展高精密度、高灵敏度的新仪器和新设备，其适用于痕量、超痕量分析。同时，研制发展了适合于特定任务的专属分析仪器。计算机在监测系统中的普遍使用，

使得监测结果快速处理和传递，推动了多机联用技术的广泛采用，从而提高了仪器的使用效率和价值。在发展大型、连续自动监测系统的同时，也发展了小型便携式仪器和现场快速监测技术。此外，广泛采用遥测遥控技术，逐步实现监测技术的智能化、自动化及连续化。

科学有效的监测数据应该具有代表性、准确性、精密性、完整性和可比性。这些特征应当由环境监测的各个工作环节加以保证才可以实现。它贯穿于采样过程（采样点布设、采样时间和率、采样方法、样品的储存和运输）、测定过程（分析方法、使用仪器、选用试剂、分析人员操作水平）、数据处理过程（数据记录、数据运算）、总结评价过程的各个环节。环境监测质量保证的全过程，又称为全过程质量控制。

（五）环境监测管理

环境监测管理是指运用多种手段，包括行政手段、技术手段等，科学地进行环境监测，合理地运用环境监测资源，以确保环境状况能够得到及时、准确、全面的记录与反映，进而能够为环境行政管理、环境保护决策，以及社会的经济发展，提供切实、有效的支持和帮助。

第一，行政管理——建立健全环境监测机构，制定管理制度、规章办法；编制工作规划和计划；进行环境行政能力建设，提高和改进工作质量；考核工作目标完成情况，进行绩效管理；开展监测资质认可和管理。通过行政管理确保监测信息的完整性、针对性、及时性、公正性和权威性。

我国监测机构主要有以下四种类型：一是国务院和地方人民政府的环境保护行政主管部门设置的环境监督管理机构；二是全国环境保护系统设置的四级环境监测站，包括中国环境监测总站，省（自治区、直辖市）环境监测中心站、各省（自治区、直辖市）设置的市环境监测站、县级（旗、县级市、大城市的区）环境监测站；三是各部门的专业环境监测机构，包括卫生、林业、农业、渔业、水利、海洋、地质等部门设置的环境监测站；四是大中型企业、事业单位的监测站。

第二，技术管理——编制《质量管理手册》，规范技术管理；编制《程序文件》《作业指导书》，规范监测程序、监测行为；编制《质量文件》，实施质量管理，规范监测方法，实施标准的分级使用和跟踪管理，统一仪器设备配置，强制仪器校验。通过技术管理确保监测信息的准确性、精密性、科学性、可比性和代表性。

第三，质量管理——制定质量控制和质量保证方案，指导和监督方案的实施。在环境监测的各个环节，如采样过程的质量控制、样品的储藏和运输、实验室质量控制、报告数据的质量控制等环节实现跟踪管理。

第四，信息管理——统一监测信息的收集方式；建立监测信息数据库，实施动态管理；建设监测信息管理网络，严格信息报告与传输；分析、评价环境质量状况及污染程度和发展趋势，发布环境质量信息。通过信息管理，我们可以保证监测活动和信息交流，确保监测信息的及时性、完整性、可比性和实用性。

环境监测管理在环境监测中发挥着十分重要的作用，它是建立环境质量保证体系的基础。环境监测质量保证具有重要性和复杂性，其重要性体现在环境监测质量直接影响环境管理的针对性和有效性，避免错误的决策；复杂性是因为环境影响质量的因素错综复杂瞬息万变，监测质量保证计划本身具有较大的不确定性。监测质量保证信息系统可以帮助管理人员定性与定量地分析数据与模型，通过信息管理保证监测活动和信息交流，确保监测信息的及时性、完整性、可比性和实用性；也为高层环境管理人员提供了从整体上全面宏观控制的科学方法。同时，它也促进了环境监测效率的提高。

三、环境评价

环境评价是依据特定的标准、方法对环境质量进行评价，包括人类活动对环境的影响、对环境的未来发展方向予以预测等，旨在为环境管理决策工作提供科学的支持。环境质量的优劣程度可以通过定性或定量描述环境各组成要素的多个环境质量参数来判断。环境质量参数通常以环境介质中特定物质的浓度加以表征。

（一）环境评价的分类

环境评价可以按其不同的属性进行分类，具体如下：

第一，环境评价根据环境质量时间属性，划分为环境回顾评价、环境现状评价和环境影响评价。环境回顾评价是针对环境质量过去的历史变化进行评价，为合理分析环境质量现状成因和预测环境质量未来发展趋势提供科学依据。环境现状评价是针对环境质量当前的优劣程度进行评价，为区域环境的综合整治和规划提供科学依据。环境影响评价是针对由于人类活动可能造成的环境后果，通过评估环境质量优劣程度的变化来为管理决策提供依据。

第二，环境评价根据评价的环境要素不同，划分为大气环境评价、水环境评价、土壤环境评价、生态环境评价和声环境评价。

第三，环境评价根据人类活动行为性质，划分为建设项目环境评价、区域开发环境评价和公共政策环境评价。

第四，环境评价根据目标特殊性质，划分为战略环境评价、风险环境评价、社会经济环境评价和累积环境评价。战略环境评价是环境影响评价在战略层次上的评价，包括法律、政策、计划和规划上的应用，是对一项具体战略及其替代方案的环境影响进行的正式、系统、综合的评价过程，并将评价结论应用于决策中。战略环境评价目标是消除或降低战略失误造成的环境负效应，从源头预防环境问题的产生。风险环境评价在狭义上是对有毒化学物质危害人体健康的可能程度进行概率估计，提出减少环境风险的对策；在广义上是对任何人类活动引发的各种环境风险进行评估、提出对策。社会经济环境评价主要关注社会经济效益显著、环境损害严重的大型项目，通过环境经济分析评估项目的社会经济效益是否能够补偿或在多大程度上补偿项目环境损失，为项目决策提供更充分的依据。累积环境评价是对一种人类活动的影响与过去、现在和将来可预见的人类活动影响叠加，因累积效应对环境所造成的综合影响进行评估。累积环境评价通常用来解决复杂而困难的累积性生态效应问题，如累积性生态灾难效应、累积性生物种群效应、累积性气候变化效应等。

（二）环境评价的技术方法

1. 工程分析方法

工程分析是通过深入研究工艺流程各环节，掌握各种污染物的发生源强度、综合回收利用率、削减治理效果，核算各种污染物在正常条件和事故条件下的排放总量和排放强度。当建设项目的规划、可行性研究和设计等技术文件不能满足评价要求时，应根据具体情况选用适当的方法进行工程分析。常用的工程分析方法有以下几种：

第一，查阅参考资料分析法。在具体的实践过程中，倘若评价时间相对较短，且评价工作等级相对较低，或是在无法采用其他方法时，可采用此方法。从目前来看，查阅参考资料分析法最为简便，但其所得数据的准确度相对较低。

第二，物料平衡计算法。这种方法以理论计算为基础，比较简单。然而，由于计算中设备运行均按理想状态考虑，所以计算结果会有误差，该方法在应用时具有一定的局限性。

第三，类比分析法。类比分析法更适用于评价时间充裕、评价工作等级较高的情况，又有可作参考的相同或相近似的现有工程时，效果更好。如果同类工程已有某种污染物的排放系数时，那么可以直接利用此系数计算建设项目该种污染物的排放量，不必再进行实地测量。类比分析法工作量相对较大，消耗时间也较长，但所得结果相对较为准确。

值得一提的是，查阅参考资料分析法可以作为物料平衡计算法和类比分析法这两种方法的补充。

2. 环境现状调查方法

通常情况下，较为常用的环境现状调查方法有以下几种：遥感（航拍、卫星图片）法、现场调查法、收集资料法等。以下分别对这三种方法进行具体论述：

（1）遥感（航拍、卫星图片）法。在进行环境状况的调查实践过程中，通常会采用直接进行空中拍摄，并对现有的航空或卫星照片进行评估和分析。这种方法的精确性有限，因而通常仅适用于辅助性研究，不适合用于微观环境的调查。遥感技术可以帮助我们获取那些人类无法直接观察到的地表环境信息，帮助我们更加全面地了解一个区域的环境特征，比如广阔的森林、草原、荒漠、海洋等。

（2）现场调查法。采用现场调查法需要大量人力、物力和时间的投入，有时还会受到气候和设备条件的影响。因此，这种方法所需的工作量是相对较大的。但是，现场调查法的优势在于其能够根据用户的实际需求直接获取最原始的数据和信息。

（3）收集资料法。收集资料方法具有更为广泛的适用性和高效率，能够在一定程度上节省人力、物力和时间成本。因此，在进行环境现状调查时，首先要利用收集资料法对各种相关资料内容予以收集和获取。但是，收集资料法只能获取间接信息，即第二手资料，并且可能会面临不够全面，或是无法完全符合实际需求的问题。因此，此种方法的运用往往需要结合其他方法进行综合分析。

3. 环境影响预测法

一般而言，环境影响预测方法主要有数学模式法、物理模型法、类比调查法以及专业判断法。从实践角度来看，在对环境影响进行预测时，我们应当尽量选用通用、简便且与准确度要求相契合的方法。

以下分别对这几种方法进行具体论述：

第一，数学模式法。使用数学模式法可以更简捷地进行分析，其需要确定适当的计算条件和提供必要的参数和数据，然后可以得出定量的预测结果。因此，我们可以优先考虑采用这种方法。在应用数学模型时，我们需要确保实际情况符合模型的假设条件。如果实际情况无法完全符合模型的假设条件，那么我们就需要对模型进行调整，并加以验证。

第二，物理模型法。物理模型法具有较高的再现性和可适应性，可以有效模拟复杂的环境特征，并且能够实现较高程度的定量化。然而，此种方法不仅需要制作复杂的环境模型，还需要充足的试验条件和基础数据。同时，这种方法也需要大量的人力、物力以及时间的投入。

第三，类比调查法。类比调查法的预测结果属于半定量性质。当无法获取足够的参数和数据，导致无法使用前述两种方法进行预测时，我们可以考虑选择运用类比调查法。

第四，专业判断法。专业判断法属于对建设项目的环境影响所进行的一种定性的反映。当某些环境影响对于建设项目的定量评估面临困难，例如对文物与"珍贵"景观的环境影响，或者由于评估时间不足等原因无法使用上述提到的三种方法时，可以考虑选择专业判断法。

需要说明的是，倘若无法利用数学模式法预测，但又要求预测结果定量精度较高时，我们可以选择物理模型法。

4. 环境影响评估方法

通常情况下，较为常用的环境影响评估方法主要包括：单因子环境质量指数法、多因子环境质量分指数法、多要素环境质量综合指数法、环境质量指数分级法、列表清单法、生态图法、矩阵法、专家评分法、层次分析法、主成分分析法、模糊评判法等。

（三）环境评价管理

我国法律规定的环境影响评价制度规定，在一定区域内进行开发建设活动前，需要对拟建项目可能对周围环境造成的影响进行调查、预测和评定，并提出预防对策和措施，为项目决策提供科学依据。环境影响评价具有预测性、综合性、客观性、法定性等特点。

第四节　生态环境管理的实施方法

一、环境规划

（一）环境规划概述

环境规划是环境行政管理的主要内容之一，在环境行政管理中处于统帅地位。环境规划是指为使环境与社会协调发展，在统筹考虑"社会—经济—环境"之间的相互联系和相互影响的基础上，依据社会经济规律、生态规律及其他科学原理，研究环境变化趋势，从而对人类自身的社会和经济活动及环境所做的时间和空间上的合理部署与安排。

环境规划为各级政府以及环保部门开展的环境保护工作提供了重要依据。其所作的宏观战略、政策规定和具体措施，为环境管理目标的实现提供了科学支撑，同时也是国家环境保护政策和战略的具体表达。

环境规划的研究对象是"社会—经济—环境"三者之间的相互联系和相互影响，它的研究范围既可以是一个国家，也可以是一个区域。环境规划的目的是使环境与社会经济协调发展，维护生态平衡。为了达到这一目标，人类必须合理约束与调控自身的社会经济活动，减少污染，防止资源破坏。

环境规划在我国社会及经济发展中起着以下主要作用：

第一，环境规划是实现环境管理目标的基本依据。环境规划对于有效实现环境科学管理起着关键性作用，它规定了功能区划、质量目标、控制指标以及相关措施，同时也为环境保护工作提供了方向与要求。

第二，环境规划有助于以最小的投资获取最佳的经济效益。通过科学合理的方法进行环境规划，以保障在推动经济发展时，能够以最少的投资来获得最佳的经济效益。

第三，环境规划能够合理分配排污削减量，约束排污者行为。根据环境容量，科学、公平地分配排污者允许的排污量及污染物削减量，为规范排污行为提供科学依据。

第四，环境规划能够使环境保护活动被纳入国民经济和社会发展规划中，并得到保障。环境保护在我国的经济生活中扮演着重要角色，与经济和社会活动息息相关。因此，为了确保环境保护工作能够顺利进行，必须将其纳入国民经济和社会发展规划之中。

第五，环境规划能够促进环境与经济、社会的可持续发展。环境规划以实现环境与社会协调发展为目标，可以有效预防环境问题的产生与发展。

（二）环境规划的类型和特点

环境规划按照规划期长短分为远期环境规划、中期环境规划和年度环境保护计划。远期环境规划一般跨越时间为 10 年以上，中期环境规划为 5～10 年，年度环境计划实际是 5 年计划的年度安排。由于远期环境规划跨越时空较长，其更侧重于长远环境目标和战略措施的制定。相对而言，年度环境计划时间较短，往往不能形成规划，仅作为中期环保工作的具体安排。

二、环境审批

（一）环境审批概述

环境审批，即环境行政审批，是国家行政审批体系的重要组成部分，也是未来国家行政审批的核心。

环境审批是环境行政管理的重要手段，是不可或缺的环境行政行为，是环境行政管理的关键。我国的环境审批有法可依、依法进行。环境行政管理要求并强调严把环境审批关。

（二）建设项目的环境审批

1. 建设项目环境审批范围

《建设项目环境保护管理系列》和《关于执行建设项目环境影响评价制度有关问题的通知》规定，环境审批的建设项目是指"按固定资产投资方式进行的一切开发建设活动"，包括工业、交通、水利、农林、商业、卫生、文教、科研、旅游、房地产开发、餐饮、社会服务业、市政建设等对环境有影响的一切内资、合资、独资、合作等项目以及区域开发建设项目。

2. 建设项目审批内容和程序

根据《建设项目环境保护管理程序》，建设项目环境审批按建设分阶段审批。一般分为以下几个阶段：项目建议书阶段、可行性研究阶段、设计阶段、施工阶段、试生产阶段、竣工验收阶段。

3. 建设项目环境审批时限

自收到环境影响报告书（或环境影响评价大纲）、环境影响报告表、环境影响登记表、初步设计环境保护篇章、环境保护设施竣工验收报告之日起，对上述文件分别在两个月、一个月、半个月、一个半月、一个月内予以批复或签署意见。逾期不批复或未签署意见的，可视其上报方案已被确认。特殊性质或特大型建设项目的审批时间经请示批准，可适当延长。环境影响报告书、环境影响报告表、环境影响登记表在正式受理后，分别在 30 日、15 日和 7 日内完成审批工作。

4. 建设项目环境审批权限

建设项目环境审批实行分级审批制度。根据《建设项目环境影响评价文件分级审批规定》和《建设项目环境保护管理办法》的规定，以建设项目对环境影响程度、建设项目投资性质、立项主体、建设规模、工程特点等因素为依据，环境行政主管部门分级负责。生态环境部审批权限包括：总投资在 2 亿元及以上的中央财政性投资建设项目；跨越省级行政区的建设项目；特殊性质的建设项目（如核工程、绝密工程等）；按照国家相关规定，应由国务院相关部门立项或设立的国家限制建设的项目；非政府财政性投资的重大项目，其中包括总投资 10 亿元及以上的水利工程、扩建铁路项目，5 亿元及以上的林业、农业、煤炭、电子信息、产品制造、电信工程、汽车项目，1 亿元及以上的稀土、黄金、生产转基因产品项目；其他总投资 2 亿元及以上的项目和限定生产规模的项目；由省级环境保护部门提交上报的，对环境问题有争议的建设项目。

（三）排污许可证审批

排放污染物许可证审批是排放污染物许可证制度的具体执行和实施。

1. 审批依据

排污许可证审批依据包括《中华人民共和国环境保护法》《中华人民共和国水污染防治法实施细则》《中华人民共和国大气污染防治法实施细则》《中华人民共和国固体废物污染环境防治法》《中华人民共和国环境噪声污染防治法》《中华人民共和国大气污染防治法》《中华人民共和国水污染防治法》《排放污染物申报登记管理规定》等。

2. 适用范围

国家对在生产经营过程中排放废气、废水、产生环境噪声污染和固体废物的行为实行许可证管理。下列在中华人民共和国行政区域内直接或间接向环境排放污染物的企业、事业单位、个体工商户（以下简称排污者），应按照规定申请领取排污许可证，具体如向环境排放大气污染物的；直接或间接向水体排放工业废水和医疗废水以及含重金属、放射性物质和病原体等有毒、有害物质的其他废水和污水的；城市污水集中处理的；在工业生产中因使用固定的设备产生环境噪声污染的，或者在城市市区噪声敏感建筑物集中区域内因商业经营活动使用固定设备产生环境噪声污染的；产生工业固体废物或者危险废物的。依法需申领危险废物经营许可证的单位除外。向海洋倾倒废物、种植业和非集约化养殖业排放污染物、居民日常生活非集中地向环境排放污染物以及机动车、铁路机车、船舶、航空器等移动源排放污染物，不适用此审批制度。

3. 审批内容及程序

排污许可证审批全过程包括：申报阶段、登记与审核阶段、指标分配阶段、审核发证阶段、证后监督管理五个主要阶段。

4. 审批权限及时限

国家对排污许可证实行分级审批颁发制度。

县级以上地方人民政府环境保护行政主管部门应当按照国务院环境保护行政

主管部门或各省、自治区、直辖市人民政府环境保护行政主管部门规定的审批权限对排污者的排污许可证审批颁发。

县级环境保护行政主管部门负责行政区划范围内排污者的排污许可证审批颁发；市级环境保护行政主管部门负责本行政区域内确定由其监督管理排污者的排污许可证审批颁发；省级环境保护行政主管部门负责行政区划范围内确定由其监督管理排污者的排污许可证审批颁发。

上级环境保护行政主管部门可以授权下级环境保护行政主管部门审批颁发排污许可证，对排污许可证审批颁发权有争议的，由争议双方共同的上一级环境保护行政主管部门决定。环境保护行政主管部门应当自受理排污许可证申请之日起20日内依法作出颁发或者不予颁发排污许可证的决定，并予以公布。作出不予颁发决定的，应书面告知申请者，并说明理由。

三、环境监察

（一）环境监察概述

1. 环境监察的含义

环境监察作为一种至关重要的环境行政行为，是环境行政管理中必不可少的一环。同时，其也是在环境现场实施的管理活动，旨在直接、有效地维护环境质量。

环境监察机构受环境保护行政主管部门委托，在其授权范围内对辖区内单位和个人遵守环境保护法规，执行各项环境保护政策、制度、标准的情况，进行现场监督检查以及有关问题处理。

2. 环境监察的特点

（1）委托性。环境监察机构受环境保护行政主管部门的领导和委托进行监督检查工作。环境监察工作是环境保护行政主管部门实施环境管理的一个组成部分，是宏观环境管理的体现。它必须接受环境保护行政主管部门的领导，才能使环境监察这一具体的管理行为受宏观环境管理的引导。环保法规定的执法主体是环境保护行政主管部门，环境监察机构必须接受环境保护行政主管部门的委托才能使其执法合理化。环境保护行政主管部门向接受委托的环境监察机构出具书面委托书，对委托的职权范围和时限作出具体说明。

（2）强制性。《中华人民共和国环境保护法》第十四条规定："县级以上人民政府行政主管部门或者其他依照法律规定行使环境监督管理权的部门，有权对管辖范围内的排污单位进行现场检查，被检查的单位应当如实反映情况，提供必要的资料。"该法第三十五条还规定："拒绝环境保护行政主管部门或者其他依照法律规定行使环境监督管理权的部门现场检查或被检查时弄虚作假的"，"拒报或者谎报国务院环境保护行政主管部门规定的有关污染物排放申报事项的"，"可以根据不同情节，给予警告或者处以罚款"。这些规定使环境监察工作具有了权威性和强制性。

（3）直接性。环境监察承担现场监督执法任务。大量的工作是对管理对象进行宣传、检查和处置，这些工作都是在现场直接面对被管理者进行的。环境监察的直接性也对环境监察人员的工作水平和业务素质提出了较高的要求。

（4）及时性。环境监察强调的是取得第一手信息资料，直接的现场监督执法活动要求和决定了环境监察工作的核心是加强排污现场的监督、检查、处理，运用征收排污费、罚款等行政处罚手段强化对污染源的监督处理。这些属性决定了环境监察必须及时、准确、快速、高效。及时是准确、快速、高效的保证，也是直接性特点所要求的。

（5）公正性。环境监察代表环境保护行政主管部门履行现场监督检查职责，体现着公平、公正的主张。其行为代表了国家保护环境的意志，是在维护国家和人民的长远利益和现实利益，必须严格、公正。

（二）环境监察的主要内容

1.环境现场执法

环境保护执法有以下几个组成部分，即执法监督、执法纠正、执法惩戒和执法防范。环境保护现场执法是环境保护执法的形式之一。随着环境法治建设的完善和环境监察工作的开展，现场执法的内容也在不断充实和扩展。目前环境现场执法主要有以下几方面内容：

现场监督检查有关组织、单位和个人履行环保法律法规的情况，并对违法行为追究法律责任。

现场监督检查有关组织、单位和个人执行环境制度的情况，并对违反制度的行为依法予以处理或处罚。这些制度包括环境影响评价制度与"三同时"制度、限期治理制度、污染事故报告与处理制度、污染源管理制度、排污申报登记制度与排污许可证制度、缴纳排污费制度以及国务院的决定等。

现场监督检查自然资源与生态环境保护情况，并对破坏自然资源和生态环境的行为依法予以处理或处罚。这些自然资源与生态环境包括土地资源、水资源、森林、草地、矿产、自然保护区、野生动物、风景名胜，以及农业、畜牧业、农业环境等。

现场监督检查海洋环境保护情况。对污染海洋的行为依法予以处理处罚。

2. 企业环境管理监察

环境监察机构依法对排污企业环境管理进行监督检查，主要包括对以下情况检查：环境管理机构设置、企业环境管理人员设置、企业环境管理制度建设。

企业工艺状况调查，监察污染隐患。深入企业内部的生产车间、班组、岗位，调查设备、工艺及生产状况，以了解污染产生的原因、规模和污染物流向，以督促企业采取措施减少污染，防止污染事故的发生。其内容主要包括：对生产使用原材料情况的调查，对生产工艺、设备及运行情况的调查，对产品储存与输移过程的调查，对生产变化情况的调查等。

排污企业守法情况检查主要包括环境管理制度执行情况检查，排污许可证监理的各项内容、污染物排放情况检查，污染治理情况检查等。

对企业进行环境监察的目的是督促排污企业加强生产管理和环境保护工作，预防和消除污染，保护和改善区域环境质量。因此环境监察机构有责任与义务协助排污单位做好环境管理工作，应利用自身环保部门的信息优势及经验优势，积极主动地提供信息与参考意见，使企业获得投资小、收益高的污染防治方法。其内容包括：提供技术改造建议、提供废弃物回收利用建议、提出污染治理建议、提供污染物集中控制指导建议等。

3. 建设项目环境监察

环境监察机构依法对建设项目进行监督检查，以保证建设项目按照《建设项目环境保护管理条例》进行，主要监察内容和要点如下：

对辖区内新开工建设项目进行监督检查，检查其执行环境影响评价制度、"三同时"制度的落实情况，各项审批手续情况，尤其是环保部门的审批意见及审批前提，杜绝建设项目环境管理漏项、漏批、漏管的现象。

对已开工的建设项目，要检查建设项目内容有无变化，包括建设性质、建设规模、采用的工艺、设备及使用的原材料有无重大变化，环境影响评价报告书中规定的环保设施落实情况、建设项目的实际内容与申报内容是否一致等。

环境监察人员应参与建设项目的竣工验收，通过竣工验收了解项目的详细情况，掌握该项目的优势和不足，对验收时提出的改进意见在以后的监察工作中予以重视。建设项目竣工验收后，竣工验收清单副本要交环境监察机构保存。

关注建设项目的生态环境问题，对区域性、流域性、资源开发、资源利用、生态建设项目，要做好环境影响评价工作。关注建设项目的生态保护效果和生态破坏效果。

对分散型小企业、乡镇企业建设项目的环境监察，除以上要点外，重点监察其是否属于淘汰、限制、禁止的行业、工艺、设备等，属于上述情况的，应坚决取缔。

对居民区、小城镇、农村的建设项目，如果对环境影响较小，其监察的重点是防止生活环境的破坏和建设项目引发的环境纠纷。

4. 生态环境监察

重要生态功能区的生态环境监察——凡经批准正式建立的各级生态功能保护区，无论属于哪一级政府管理，均应由同级环境保护行政主管部门的环境监察机构随时进行监察。其主要监察内容是该生态功能区的边界情况，管理机构承担的生态保护管理职能情况，检查和制止保护区内一切导致生态功能退化的开发活动和人为破坏活动，停止一切产生污染环境的工程项目建设。

重点资源开发区的生态环境监察——环境监察机构对水、森林、草地、海洋、矿产等自然资源开发的建设单位，要按照环境影响评价报告书和"三同时"制度的审批意见，认真检查开发建设单位的落实情况。凡是没有履行环境影响评价制度、"三同时"制度和水土保持方案的，一律不得开工建设，不得竣工投产。

生态良好区域的生态环境监察——对生态良好区域的生态环境监察重点要放在维护该区域免遭改变与破坏方面，要及时发现并制止对自然环境的破坏行为，维护本区域生态的良好状态。

对本辖区的自然生态环境开展调查——这是生态环境监察的基础，要在农业、林业、土地、矿产和卫生防疫部门的配合下，对本辖区的自然环境状况、人口状况、经济状况进行调查，以掌握本辖区的生态特征，确定本辖区生态环境保护的重点内容与区域，因地制宜地制订生态监察工作计划。

5. 海洋环境监察

海洋环境调查——海洋环境调查是海洋环境监察的基础，目的是搞清楚自然及人类活动对辖区海域的影响，以便采取针对性的管理措施。海洋环境调查主要包括：海洋自然环境调查（自然地理位置、海区水文气象条件、海洋资源等）、近岸海域环境功能区海洋环境污染调查（总氨、总磷、COD、大肠菌群数、细菌总数等）、海洋环境污染源调查（海域活动排污状况、海岸工程建设的环境污染和破坏情况、常见污染活动等）。

海岸工程环境监察——重点检查海岸工程执行国家环境保护法规及制度情况；海岸排污口设置情况；港口、码头、岸边修造船厂等应设置的相应的防污措施，如残油、含油废水、垃圾及其他废弃物的接收和处理设施；滨海垃圾场或工业废渣填埋场应建防护堤坝和场底封闭层，设置渗滤液收集、导出系统和可燃气体的放散防爆装置；检查海岸工程对生态环境和水资源的损害，杜绝和减少国家和地方重点保护的野生动植物生存环境的改变和破坏，减少对渔业资源的影响和建设补救措施等；沿海滩涂开发、围海工程、采挖沙石必须按规划进行；检查海岸工程建设项目导致海岸的非正常侵蚀情况；检查海岸工程建设。

项目毁坏海岸防护林、风景石、红树林和珊瑚礁等的陆源污染的环境监察——对陆地产生的污染物进入海洋从而对海洋造成污染或损害的监察。其主要包括：根据有关标准，检查违章排污、超标排污的情况；检查是否有含放射性物质、病原菌、有机物、高温废水的排放情况；检查沿岸农药化肥的使用情况；检查近岸固体废弃物处理处置场的建设和管理情况。

船舶污染的环境监察——对在海上停泊和作业的一切类型的船舶进行环境监察。其主要包括：监察防污记录和防污设备；监察进行油类作业的船舶污水排放情况；对装运危险货物的船舶检查安全防护措施及含危险货物废水的排放情况；检查船舶垃圾收集处理设备是否正常运转；对船舶修造、打捞及拆船工程进行检查，检查其防污设备使用及运行情况；国家海事行政主管部门对中华人民共和国管辖海域航行、停泊、作业的外国籍船舶造成的污染事故应登轮检查处理。

海上倾废监察——利用船舶、航空器、平台或其他运载工具向海洋倾倒废弃物或其他有害物质的行为属于海洋倾废，海洋倾废是全球性的环境保护问题。对海洋倾废监察重点包括：检查核实倾废手续是否完备，装载废弃物的种类、数量、成分是否属实；对倾倒活动进行现场监督；监督海上焚烧废弃物的活动；监督管理放射性物质的倾倒；监督管理经由我国海域运送废弃物的外国籍船舶。

第二章　水环境管理

水环境管理是一项重要的环境保护工作。本章为水环境管理，主要介绍了三个方面的内容，依次是地表水环境管理、地下水环境管理、海洋环境管理。

第一节　地表水环境管理

一、地表水环境管控目标

环境管理模式与经济发展水平、公众环境意识和监督管理能力等因素密切相关，通常有三种模式：第一种是以环境污染控制为目标导向，以实施严格的排放标准和总量控制为标志；第二种是以环境质量改善为目标导向，以严格的环境质量标准和目标为标志；第三种是以环境风险防控为目标导向，以风险预警、预测和应对为主要标志，关注人体健康和生态安全。目前，我国正处于第一种模式向第二种模式转型的时期，地表水环境管理基本属于从以污染控制为目标导向转向污染控制与质量改善兼顾的模式。

依据地表水水域环境功能和保护目标，我国地表水水质按功能高低依次划分为以下五类：

Ⅰ类主要适用于源头水、国家自然保护区。

Ⅱ类主要适用于集中式生活饮用水地表水源地一级保护区、珍稀水生生物栖息地、鱼虾类生产场、仔稚幼鱼的索饵场等。

Ⅲ类主要适用于集中式生活饮用水地表水源地二级保护区、鱼虾类越冬场、旅游通道、水产养殖区等渔业水域及游泳区。

Ⅳ类主要适用于一般工业用水区及人体非直接接触的娱乐用水区。

Ⅴ类主要适用于农业用水区及一般景观要求水域。

根据上述的地表水的五类功能，将地表水环境质量标准基本项目的标准值分为五组，每组标准适用于对应的功能类别。其中，水域功能类别高的标准更为严格，相比较而言，水域功能类别低的标准则相对宽松。

二、水污染源管控对象

水污染源管控对象以污染源为主。污染源按污染成因可分为天然污染源和人为污染源；按污染物种类可分为物理性、化学性和生物性污染源；按分布和排放特性可分为点源（来自工矿企业、城市或社区的集中排放，其污染物的种类和数量与点源本身的性质密切相关）、面源（流域集水区和汇水盆地，污染通过地表径流进入天然水体的途径，其主要污染物有氮、磷、农药和有机物等）、扩散源和内源。

按照规定，国控水污染源由相关环境保护部门筛选确定，省级、市级参照环境保护部门的筛选标准确定省控及市控污染源名单。确定方法是，以上年度环境统计数据库为基础，工业企业分别按照废水排放量、化学需氧量和氨年排放量大小排序，筛选出累计占工业排放量 65% 的企业。同时分别按照化学需氧量和氨氮年产生量大小排序，选出累计占工业化学需氧量或氨氮产生量 50% 的企业。合并筛选出的 5 类企业名单取并集，形成废水国控源基础名单。在此基础上，补充纳入具有造纸制浆工序的造纸及纸制品业、有印染工序的纺织业、皮革毛皮羽毛（绒）及其制品业、氨肥制造业中的大型企业。对于污水处理厂，以上年度环境统计数据库为基础，将设计处理能力大于或等于 5000 t/d 的城镇污水处理厂和设计处理能力大于或等于 2000 t/d 的工业废水集中处理厂纳入污水处理厂国控源基础名单。

国控水污染源是水环境管理和监测的重中之重。各级环境保护主管部门对国控水污染源监督性监测及信息公开工作实施统一组织、协调、指导、监督和考核。环境保护主管部门所属的环境监测机构实施污染源监督性监测工作，负责收集、填报、传输和核对辖区内的污染源监督性监测数据，编制监测信息、监测报告等。

三、水功能区划

（一）水功能区划原则

1. 坚持可持续发展的原则

在进行水功能区划时，工作人员应当根据水资源和水环境的承载能力以及水生态系统的保护要求，确定水域的主要功能，并将其与水资源规划、流域规划、国家主要功能区规划和经济社会发展规划相协调。区划必须旨在促进经济社会与水资源、水生态系统的协调发展，具备对未来经济社会发展的前瞻性和预见性，以确保当代和后代赖以生存的水资源得到切实的保护。

2. 统筹兼顾和突出重点相结合的原则

工作人员需要将城镇集中供水源和具有特殊保护需求的水域划分为保护区或饮用水源区，并制定重点保护措施，以确保饮用水的安全。区划体系和区划指标不仅对于普遍性予以分析考虑，同时也兼顾了各水资源区的具体特征。具体来说，区划需要以流域为单位进行规划，考虑全面协调上下游、左右岸、近期和长远的水资源利用以及水生态保护目标，并使其与经济社会发展需求相协调。

3. 水质、水量、水生态并重的原则

工作人员需要综合考虑经济社会发展对水资源的保护需求，包括经济社会发展对水资源的水质、水量、水生态保护的现实需求。同时，工作人员应重视关注不同水资源区域的开发利用和相关的环境状况，包括社会经济发展状况，水污染及水环境、水生态等现实情况。

4. 尊重水域自然属性的原则

工作人员应当以水域的自然属性为依据，对于水资源与水生态的基本特点、所在区域的自然环境，以及水域原有的基本特点予以分析和考虑。例如，对于特定水域如东北、西北地区，在执行区划水质目标时还要考虑河湖水域天然背景值偏高的影响。

（二）具体的水功能区划

在具体的水功能区划中，主要采用的是两级体系。

首先，一级区划分为四类：保护区、保留区、开发利用区以及缓冲区。这种划分旨在协调水资源的开发与保护，从宏观角度上对各地区的水资源利用方式进

行相应的调整，同时注重与区域可持续发展对水资源的现实需求相协调。

其次，二级区划将一级区划中的开发利用区细分为七个部分：饮用水源区、工业用水区、农业用水区、渔业用水区、景观娱乐用水区、过渡区以及排污控制区。这种细分旨在使不同用水行业之间的关系能够得以协调，进而能够更好地促进人们的生产生活，切实地推动可持续发展。

四、水环境区域补偿

通过水环境区域补偿机制的动态运行，明确各地区的合法权益，协调各地的环保利益，有效促进邻近地区水域保护合作，以更好地实现区域环保公平与整体环境利益的最优解。从实质上来说，水环境区域补偿机制是一种能够使各区域利益得到良好协调的机制。

水环境区域补偿是针对损害水环境的行为建立的经济补偿制度。当跨界断面水质超过考核标准，造成污染的上游区县政府应对下游区县进行补偿。

有学者认为，生态补偿属于区域之间一种财政方面的民事给付，而不是单个企业对另一个企业或个别受害者的赔偿。换句话说，生态补偿是一个区域对另一个区域的补偿。这一补偿涵盖了以下两种情况：第一种是上游改善生态环境使下游获益而应得到的补偿，第二种则是污染地区向受害地区提供的补偿。

也有学者指出，区域生态补偿是根据行政区域划分和公平原则，对受益地区与受损地区、开发地区与保护地区所进行的相关的生态补偿。

目前，国内已有江苏省、北京市等实行了水环境区域补偿制度。补偿金的计算方法主要有以下两种：

第一，超标总量法，即根据排放的污染物超标总量来计算。超标浓度法不适用于直接与水质功能类别相关联。从现实情况来看，这一方法更适合于南方省市天然径流充沛、水量丰富的情况，例如江苏、湖北和湖南等省的城市。

第二，超标浓度法，即根据补偿因子将实际水质浓度超出标准的倍数或范围，分为不同的扣缴级别。这一方法主要应用于北方省份，如河北、辽宁、山西和陕西。

就现阶段的发展来看，对多个行政区域的跨界断面补偿，由于各行政区域在直接和间接成本投入方面存在显著差异，因而现有的经济核算方法包括支付意愿法、生态价值法、恢复成本法和经济损失价值法等均需要一定程度的更新与完善。即使是针对其中一种方法制定补偿标准，也难以与不断变化的管理需求保持一致，缺乏可行性。因此，由于每个区县的经济成本和经济损失的不确定性较高，因而无法制定统一的补偿标准或赔偿标准。

目前，国内在多个行政区域的跨界断面补偿通常以经济核算为依据，主要考虑政府的财政承担能力，并根据管理需求对补偿标准予以确定，这往往不是根据经济成本来确定补偿标准，而是根据总扣缴规模进行反推。

五、入河排污口管理

入河排污口管理作为水功能区限制纳污红线管理的核心工作，是控制污染物入河总量的重要手段，也是保护水资源、改善水环境、促进水资源可持续利用的一项重要措施。《中华人民共和国水法》《中华人民共和国水污染防治法》《中华人民共和国河道管理条例》都规定了在江河、湖泊新建、改建排污口或者扩大入河排污口，应当经过有管辖权的水行政主管部门或者流域管理机构的同意，确立了入河排污口设置审批制度的法律地位。

河流排污口的设置应当具备明显的环保标志，合理设置排放口的位置，且排放流向合理；应当方便采集样品，方便进行监测计算，以及方便公众参与监督管理，与"一明显，二合理，三便于"的要求相契合。其中，在城镇集中式生活用水地表水源一、二级保护区，国家和省划定的自然保护区和风景名胜区内的水体，重要渔业水体以及其他具有特殊经济文化价值的水域保护区，都禁止新建排污口。

六、饮用水水源管理

饮用水是人类生存的基本需求，其安全问题直接关系到广大人民群众的健康。因此，饮用水水源管理一直是我国水环境管理工作的重中之重。为加强饮用水水源安全保障，我国建立了十分严格的饮用水水源保护区制度。

七、湖泊水环境管理

第一，保护资金方面。为了有效促使地方积极开发新的融资途径以及改进投融资制度，水质相对较好的湖泊生态环境保护项目资金主要是由地方提供，中央财政资金予以适当的补助。

第二，保护范围方面。相关部门需要着重关注西部等偏远地区的湖泊保护范围，不再仅限于之前关注较多的东部湖区。这意味着我们正朝着覆盖全国五大湖区的目标迈进。

第三，政策侧重点方面。政府应当对一些生态环境问题予以重视和关注，如水体营养程度变化、湖水咸化、生物多样性的改变等，从过去重点关注富营养化等水质变化向关注整个流域生态系统的健康转换。

第二节　地下水环境管理

一、地下水环境管控目标

建立完善的地下水污染防治系统，有效减少地下水污染风险，改善重点地区地下水质量，提升地下水环境监管能力，确保重要地下水饮用水源水质安全，科学开展地下水修复工作。同时也需要控制影响地下水环境安全的土壤污染，对于典型地下水污染源进行全面监测。

二、地下水污染防治区划

地下水污染防治区划的目标是维护地下水资源的完整性，为地下水污染防治计划的制定和执行提供基础。因此，它是地下水污染的地质调查评价工作中的关键组成部分。

有研究专家认为，地下水污染防治区划是一种综合开展的地下水评价，从污染事件发生的本质层面、地下水开采利用的社会经济维度，以及现阶段实施地下水保护措施的政策方面，有针对性地对地下水污染问题进行研究和分析。保护区可以划分为一级保护区、二级保护区及准保护区；防控区划分为优先防控区、重点防控区和一般防控区；治理区划分为优先治理区、重点治理区和一般治理区。

也有研究人员认为，地下水污染防治区划是根据地下水的不同用途，在确定污染危害程度的基础上制定的区划方案。通过必要的调查研究和原则评估，可以确定地下水的实际和潜在利用价值、含水层遭受污染的脆弱性、土地利用情况以及污染源的类型和分布情况，以此确定污染荷载的潜在风险性。但是就目前而言，对于地下水污染防治区划这一概念还没有形成明确的定义。其中，地下水功能评价和地下水脆弱性评价是地下水污染防治区划的基础所在。

（一）污染源载荷评估

单个地下水污染源荷载风险的计算公式为：$P = T \times L \times Q$。

公式中：P 表示污染源荷载风险指数；T 表示污染物毒性，以致癌性标示；L 表示污染源释放可能性，与污染物类型、污染年份、防护措施等有关；Q 表示可能释放污染物的量，与污染年份、污染面积、排放量等有关。

将单个污染源风险进行计算，计算结果 P 值由大到小排列，根据取值范围分为低、较低、中等、较高、高五个等级。依据各污染源计算结果叠加形成综合污染源荷载等级图，由强到弱分为强、较强、中等、较弱、弱五级。

（二）地下水脆弱性评估

地下水脆弱性评估主要针对我国浅层地下水的水文地质条件，提出适合的孔隙潜水、岩溶水以及裂隙水的地下水脆弱性评估方法。评估旨在得出在天然状态下地下水对污染所表现的本质敏感属性。地下水脆弱性评估与污染源或污染物的性质和类型无关，主要取决于地下水所处的地质与水文条件。这些条件是静态、不可变和人为不可控制的。因此，地下水脆弱性评估首要任务是判别地下水类型，然后识别地下水脆弱性主控因素。

（三）地下水功能价值评估

地下水的使用功能主要包括饮用水、饮用天然矿泉水、地热水、盐卤水、农业用水、工业用水等。

在对地下水的使用功能予以明确以后，地下水功能价值等级的计算需要综合考虑地下水的水质和地下水的富水性这两个维度的要素。其中，地下水富水性表征地下资源的埋藏条件和丰富程度，可用评估基准年的单井涌水量表征。

（四）地下水污染现状评估

评估地下水污染情况是为了确定不同地下水用途区域中有害物质的程度。评估主要采用的是对照比较法。

具体来看，评估主要依据有毒有害的"三氯"、重金属和有机污染物等指标，根据是否超出规定标准来进行区分。在排除背景干扰的情况下进行评估，使得人类活动对污染状况的影响能够得到更为清晰的展示。

三、地下水环境监测

通过对地下水污染程度和污染浓度分布的监测和评估，我们可以确定地下水污染问题的原因和造成污染的责任方。因此，地下水环境监测不仅是评估地下水环境质量的关键标准，也是验证地下水环境保护措施效果的直接途径。

举例来说，在地处华北平原地下水水源补给径流区内，有一些可能对地下水造成较大污染风险的场所，比如石油化工企业、大中型矿山、工业固废堆存场、生活垃圾堆放场和高尔夫球场等。为了及时了解地下水的污染状况并进行有效监控，工作人员需要按照以下要求对监测井进行设置：每个污染源地下水背景区至少设置一个监测井，在下游区设置至少三个监测井。

地下水环境监测井主要针对小范围地下水资源供应区和受污染区域，辅助覆盖更大范围的区域。对于孔隙型地下水饮用水水源地监测点，最好采用网格法来布设；对于岩溶地下水饮用水水源地监测点，最好按照地下河管道的方式来布点；对于裂隙型地下水饮用水水源地监测点，则最好按照裂隙发育通道的方式来布点。因此，应该充分发挥现有的水利和环保等地下水环境监测井的作用，建立地下水环境监测网络。

监测地下水环境应当主要关注饮用水开采的含水层段，并考虑与该含水层具有水力联系的地质层。监测重点污染源周围的地下水环境主要集中在对浅层地下水进行监测。地下水环境监测层位涵盖浅层、中层和深层，能监测到各层地下水环境的情况。因此，需要合理设置监测井，建立立体分层监测系统。地下水在不同深度可能具有不同的用途和受污染情况，应根据需要设置相应的地下水监测层位，建立地下水三维分层环境监测网，以便进行地下水质评估。

四、地下水污染控制

（一）地下水污染的主要途径

污染物以污染源为起点，到达地下水中的全部过程路线，即地下水的污染途径。从水力学层面来分析，地下水污染途径可以分成间歇入渗型、连续入渗型、越流型以及径流型四大类。

1.间歇入渗型

间歇入渗型的污染对象主要是潜水。它的污染物以固体形式存在于土壤中。当然，这也包括利用城市污水灌溉农田，其中的污染物源自城市污水。

间歇入渗型的特点是受污染物在大气降水或灌溉水的作用下，通过淋滤作用使得固体废物、表层土壤或地层中的有毒有害物质周期性地从污染源经过包气带土层渗入含水层。通常情况下，这种入渗表现为表层土壤处于非饱水状态下的雨水渗透流或者短时饱水状态下的持续渗流。

2.连续入渗型

连续渗入型和间歇渗入型的污染对象都是潜水。连续入渗型最常见的是污水蓄积地段（如污水池、污水渗坑、污水快速渗滤场、污水管道等）的渗漏，以及受污染的地表水体和污水渠的渗漏。一般而言，连续渗漏污染物是以液态形式存在的。污水灌溉会导致水田大范围持续渗漏。

连续渗入型的特点是不断有污染物随各种液体废弃物进入含水层，这可能导致包气带完全饱水，从而产生连续渗入的情形。除此之外，连续渗入也可能使得包气带上层的水体完全饱水，产生连续渗流的形式，而包气带下部（下包气带）则以淋雨状的非饱水渗流形式渗入含水层。

3.越流型

越流型污染可能源自地下水环境自身，也可能来自外部因素，它可能污染承压水或潜水。

越流型污染的特点是污染物以层间越流的方式进入其他水层。这种转移可能是由自然途径（如水文地质天窗）或人为因素（如井管结构不良或老化破损）引起的，还有可能是由于人为开采导致地下水动力条件的改变，从而改变了流动方向，进而导致污染物通过大范围的弱隔水层向其他含水层转移。

4. 径流型

径流型的污染物可能由人类活动引起，也可能是自然形成的。举例来说，海水入侵是由于海岸地区地下淡水被过度开采导致海水流向陆地的地下径流。

径流型污染表现为污染物以地下水径流的方式进入含水层，如通过废水处理井、岩溶通道或废液储存层的隔离层破裂而进入其他含水层。

（二）现阶段主要控制的地下水污染源

1. 城镇污染

我们应当以实际行动为出发点，努力减少大中城市周边生活垃圾填埋场或堆放场对地下水的环境影响。对于目前正在使用且没有进行防渗处理的城镇生活垃圾填埋场，政府需要建立雨污分流系统，并加强防渗措施以达到改善环境质量的目的。相关部门通过逐步开展城市污水管网泄漏排查工作，并结合城市基础设施建设和改造，建立健全城市地下水污染监督、检查、管理及修复机制。同时，建设一个合乎规范的污泥处理系统，严格遵守污泥处理标准和堆存处置要求，确保对污泥进行无害化处理。相关部门在增加城镇生活污水处理和再利用率的同时，改善现有污水管网系统，减少管网漏水。持续减少对地下水质量的不良影响，控制城镇生活废水、污泥和生活垃圾对地下水的污染。

2. 工业污染

在进行石油天然气开采时，相关部门必须对油泥堆放场等废物的收集、存储、处理和处理设施采取防渗措施，以确保在回注过程中不会对地下水造成污染。为防止地下工程设施或活动对地下水造成污染，需对环境管理水平较差、对地下水影响较大的矿山进行整顿或关闭，同时兴建地下工程设施或进行地下勘探、采矿等活动。

地下水发育地段，穿越断层、断裂带和节理裂隙的工程设施，相关部门应该实施防护措施。

政府需要建立工业企业地下水影响的分级管理体系，重点监管石油炼化、焦化、黑色金属冶炼和压延加工等排放重金属，以及其他有毒有害污染物的工业或行业。

3. 农业面源污染

相关部门需要定期对污水灌区地下水进行监测，并确立一个完善的污水灌溉管理机制，以确保实际操作中的有效性。污水灌溉所使用的水质应当符合用于灌溉的水质标准。在污染防治方面，相关部门需要进行科学分析，考察灌区的水文地质情况等各项因素，并对污水灌溉的适用性进行客观评估。除了管理化肥和农药等主要污染源之外，相关部门还需要将控制污水灌溉作为重要任务。在土壤排水性好且地下水位较高的地区，相关部门应当避免使用污水进行灌溉，以防止灌溉用水量过大和污水渗漏污染地下水源。

另外，重污染地表水侧渗、垂直补给和土壤污染也是导致地下水污染的途径之一。

第三节　海洋环境管理

一、海上排污管理

随着对海洋资源的不断开发与利用，海洋环境也面临一些新情况、新问题，政府必须形成一套具有较强针对性、能够保证工作质量和提高工作效率的防污染检查工作方法，以此来保障海洋清洁、保护海洋环境。

从现实情况来看，保障国家海洋事业可持续发展的基本前提，便是保护海洋环境、防治海洋环境污染。在我国的《中华人民共和国海洋环境保护法》中，所涉及的海洋环境污染防治对象主要包括五项，即陆源污染物、海岸工程、海洋工程、倾倒废弃物、船舶及有关作业活动。

排污收费制度不仅是中国最早制定并予以实施的环境政策之一，同时也是中国实施时间最长的环境经济政策之一。

中国环境保护主管部门在 1970 年提出了"谁污染谁治理"的原则。这一方针的提出是以中国的实际情况作为依据，并参考了国外的相关经验。依据这一原则，我国开始推行污染排放费制度。根据此政策，所有涉及环境污染排放的单位和个体经营者均需要按照政府的相关规定与标准缴纳一定费用，以达到将其污染行为所造成的外部成本转化为内部成本的目标，从而有效促使污染者采取措施对污染进行相应控制。

我国在海上排污管理中同样实行排污收费制度。排污收费是一项重要经济政策，也是环境管理的一项经济手段，同时还是为改善环境向污染者提供的一种具有灵活选择性以及直接影响污染控制方案费用与效益权衡的手段，能够使污染者以最有利的方式对经济刺激作出灵活反应，在取得相同环境效果时获取最佳经济效率。

随着探索的不断深入，我国的污染治理制度逐渐健全，从最初的依靠超标排污收费来控制污染，到现在实行排污收费和超标罚款相结合的方式，形成了完善的污染治理体系。

1978 年，中共中央批转了国务院环境保护领导小组的《环境保护工作汇报要点》，首次明确了实施排污收费制度的重要性。在 1979 年 9 月颁布的《中华人民共和国环境保护法（试行）》中，明确规定了排污收费制度的实施，这为建立排污收费制度提供了法律支持。

在这段时间里，各地陆续开始了实施排污收费试点计划。《征收排污费暂行办法》于 1982 年 2 月 5 日经国务院批准并颁布，在同年 7 月 1 日全国范围内开始实施。这标志着排污收费制度在我国的正式建立。

《污染源治理专项基金有偿使用暂行办法》于 1988 年 9 月 1 日开始实施，排污费从拨款政策转为贷款政策。在此之后，随着中国经济的不断增长和环境问题不断出现，政府也陆续推出了一系列有关收费和管理排放的政策。其中，有两项政策最为关键。

第一，1992 年 9 月 14 日，为了进一步遏制日益严峻的酸雨危害问题，国家环保局、物价局、财政部和国务院经贸办联合发出了《关于开展征收工业燃煤二氧化硫排污费试点工作的通知》，这是排污收费实施范围予以扩展的一个重要标志。

第二，虽然一些排放污水浓度已经符合或者低于国家排放标准，但是它们依然排放出大量的污染物，而这种排放超过了环境的承载能力，给环境造成了重大的危害，因而这些排污单位的污染控制也需要得到重视。为了能够切实推动这些单位有效控制污染，1993 年 8 月 15 日，国家计委和财政部发布通知，要求对这些未超标的污水排放也要征收排污费。这是首次在排污收费中体现出总量控制的概念和要义。

在长期的管理实践中，中国的排污收费制度形成了自己的实施原则。

（1）排污单位缴纳排污费，并不免除其应承担的治理污染、赔偿损害的责任和法律规定的其他责任。

（2）排污单位逾期不缴排污费，每天增收 1% 的滞纳金；拒缴排污费，环境保护部门可以处以罚款，并可申请法院强制执行。

（3）缴纳排污费但仍未达到排放标准的排污单位，从开征的第三年起，每年提高征收标准 5%。

（4）环境保护法公布以后，新建、扩建、改建的工程项目和挖潜、革新、改造的工程项目排放污染物超过标准的，应当加倍收费。

（5）中国目前对污水实行征收排污费和征收超标排污费的双收费制度。

（6）排污费和超标排污费可以从生产成本列支，但滞纳金、提高标准收费、加倍收费和补偿性罚款均不得计入成本。

（7）征收的排污费纳入预算内，按专项基金管理，不参与体制分成。

（8）排污单位采取污染治理措施，财政经费确有不足时，可从排污费中给予不高于其所缴纳排污费 80% 的补助，排污费的 20% 可用于补助环保部门的自身建设。

（9）从排污费中提取一定比例的资金，设立污染源治理专项资金，采取委托银行贷款的方式有偿使用。

随着我国国民经济的发展、环境状况的变化，过去采用的浓度控制的方式已经不适应环境管理的要求，而要采取总量控制。同样，中国的海上排污收费与国家排污收费制度如出一辙，也经历了从超标排污收费向排污收费转变的过程。海上排污收费依据的法律制度主要有：1982 年国务院发布的《征收排污费暂行办法》、1985 年通过的《中华人民共和国海洋倾废管理条例》、1992 年国家物价局和财政部联合下发的《关于征收海洋废弃物倾倒费和海洋石油勘探开发超标排污费的通知》和 2003 年由国家发展计划委员会、财政部、国家环境保护总局、国家经济贸易委员会共同发布的《排污费征收标准管理办法》，以及 2016 年修订的《中华人民共和国海洋环境保护法》（将第十一条改为第十二条，将第一款修改为："直接向海洋排放污染物的单位和个人，必须按照国家规定缴纳排污费。依照法律规定缴纳环境保护税的，不再缴纳排污费"）。从 1982 年到 2016 年的 30 余年，排污收费制度几乎没有特别大的变化，然而在这 30 余年间，我国的经济、社会和环境等状况都发生了很大的变化，这就需要我们建立排污收费制度与外部环境的联动机制，实施动态排污收费制度。

二、海洋倾废管理

深刻理解"倾倒"的含义，对于理解海洋倾废的定义而言，是至关重要的。

《中华人民共和国海洋环境保护法》对"倾倒"的定义是指通过船舶、航空器、平台或者其他载运工具，向海洋处置废弃物和其他有害物质的行为，包括弃置船舶、航空器、平台及其辅助设施和其他浮动工具的行为。《中华人民共和国海洋倾废管理条例》第三条及《中华人民共和国海洋倾废管理条例实施办法》第二条还具体列举了几种海洋倾废行为，包括：向中华人民共和国的内海、领海、大陆架和其他管辖海域倾倒废弃物和其他物质；为倾倒目的，在中华人民共和国陆地或其他管辖海域装载废弃物和其他物质；为倾倒目的，经中华人民共和国的内海、领海及其他管辖海域运送废弃物和其他物质；在中华人民共和国管辖海域焚烧处置废弃物和其他物质；向海上弃置船舶、平台、航空器及其运载工具。《中华人民共和国海洋环境保护法》第七十一条规定："需要倾倒废弃物的，产生废弃物的单位应当向国务院生态环境主管部门海域派出机构提出书面申请，并出具废弃物特性和成分检验报告，取得倾倒许可证后，方可倾倒。"

因此，海洋倾废是指人类有意识、有目的地利用海洋环境的容量和迁移能力，将废弃物和有害物质通过船舶、航空器、平台或其他载运工具排放到海洋中的一种活动。这些排放包括弃置船舶、航空器、平台及其辅助设施和其他浮动工作的行为。

近年来，海洋倾废管理的实践表明，在处理海洋倾废过程中面临一些问题。因此，为了有效管理海洋倾废问题，加强海洋倾废的法治化管理是必要的。就现实意义而言，加强海洋废弃物管理，对于维护海洋资源和环境的重要性不言而喻。不仅如此，加强对海洋倾废的管理工作还可以为海上交通、港口运营等海洋经济的发展提供很大程度的便利以及支持。

为了能够更好地管理倾废行为，进一步增强公众对海洋环境保护的意识，需要加强宣传工作，特别是在海洋倾废和环境保护方面的宣传力度要加大。政府应当加快制定和健全地方海洋废弃物管理制度和措施，推动建立完善的法律体系，达到可持续发展和规范管理海洋废弃物的目的。为了确保海洋倾倒废物管理活动能够有效、有序进行，必须形成统一的管理体制。海洋监测站、海洋管区和相关部门应该密切合作，加强信息交流，并深入了解管理法规，以实现对海洋倾废管理的规范化和法治化。

在加强海洋倾废执法措施和人员配备方面，首先，我们需要制定具有强制性的规定，要求所有从事海洋倾废活动的船只都必须安装记录倾倒行为数据的装置。对已经在运行的倾倒船舶进行全面普查，并严格执行强制装置政策。其次，我们需要进一步改进倾废仪的生产应用手续，并制定相关的行业技术标准和规范。国家海洋行政主管部门颁发许可证后，各海区可选择具备研制生产倾废仪设备经验的技术单位进行生产和安装。执法人员必须了解涉海法律法规、制度与规定，对于非法倾倒行为，其能够根据相关规定作出恰当的行政处罚，并按规定收缴处罚费用，从而使执法效果能够得到切实的提升。

在海洋倾废巡航检查中，一方面，海洋和渔业部门、港口管理部门、海事部门以及当地执法管理支队和部门需要联合合作，调配人员和设备集中在倾倒区分布密集的地区进行监管，同时启动专项整治联合执法行动；另一方面，相关部门必须定期对那些垃圾集中倾倒的区域进行风险评估和排查，积极地预防和控制非法倾倒事件的发生。与此同时，国家建立紧密协调的应急管理系统与海洋管理部门，完善储备管理资源，强化应急队伍的培训和演练，增加巡航检查力度，加大巡查范围，增加执法船舶数量和频率，特别是加强夜间和节假日的巡查执法。为了加强打击海洋倾废违法行为的能力，相关部门应该依法严厉打击违法行为，并加强对疏浚和倾倒行为的监管和规范。各个海域沿岸省市的海洋管理部门和中国海洋监测机构应当牢牢围绕国家整体海洋发展战略和承担的海洋环保责任，加强对海洋倾倒行为的执法监管。

为了能够更好地改善海洋环境、减少海洋污染，相关部门应当强化对海洋重金属污染的防治措施，控制有毒污染物如氮、磷等被倾倒入海，及时向环保部门通报环境监测结果，进而加强履行监督废弃物倾倒入海的职责。

根据对各个海域海洋倾倒区环境监测的结果，可以得出以下结论：各海域主要倾倒入海的物质主要是来自航道疏浚所产生的无毒、无害的泥沙等物质，对海洋环境造成的污染和破坏较为有限。因此，相关部门需要严格监管倾倒量，并对倾倒区域进行环境修复。

现如今，海洋各区域的废弃物倾倒现象，进一步加剧了受污染、质量恶化的海洋环境问题，使区域环境压力倍增。伴随着海洋开发的不断扩大，废弃物处理需求将持续增长，并带来更多突发和潜在的环境风险。从发展的层面来看，随着国家海洋开发战略的不断推进和深入实施，海洋开发和沿海工程建设不断增加，远洋航运规模也日益扩大。因此，各级政府需要加快建立和完善统一管理陆海环境污染防治体系，保护区域海洋生态环境，缓解海洋倾倒区的压力，逐步减少向海洋的倾倒量。同时，政府需要结合围填海和人工岛建设等开发项目，推动海洋废弃物资源化利用，从而有效控制入海废弃物总量。

此外，相关部门还需要同时兼顾海洋倾废区的选划与使用管理。以科学、合理和生态安全作为准则，从提高海洋空间的利用效率和增强海洋自净能力的角度出发，在实践中，我们应当学会分析利弊、扬长避短。在设置海洋倾废区时，需要以各海域的特定环境为考量，这是因为在现有倾废区的选划和使用中，存在着过于集中以及难以满足现实需要的问题。

相关部门要通过严格的工作程序来提升倾倒区选址规划的科学性，切实提升行政决策的准确性。在确定具体的海洋倾倒区位置时，每个海域分局都应当在开始选址工作之前组织一次与相关涉海部门（如渔业局、海事局等）和计划使用海洋倾倒区的建设项目业主单位参加的倾倒区预选位置协商会议。在充分听取各部门意见后，海洋主管部门依据对海区进行的调查研究，根据具体标准初步确定倾倒区位置。在此之后，由具备相应选划论证资质的机构对预选位置进行选划论证的相关工作。

在具体的实践过程中，为了使倾倒区的价值得以充分发挥，并对其进行合理使用，可以采用以下方法：

第一，相关部门可以采用将大型倾倒区划分为多个小区域进行轮流倾倒的方式，以确保倾倒物质分布均匀且避免局部水深过高的情况出现。这是因为选择的海洋倾倒区面积相对较大，需要有效提高空间资源的利用率。

第二，相关部门可以通过评估不同类型的倾废区来确定海洋倾倒区的使用方式，包括检查选址是否充分、区域划分是否合理，以及对海洋环境的影响程度等因素，决定该倾倒区是保留使用、暂时使用、暂时封闭还是报废。

与此同时，政府应当重视保护合法倾倒者的利益，避免倾倒发生海域使用纠纷，明确海域倾倒区的海域使用权归属问题，即明确海域使用权是属于倾倒区使用者还是属于海洋行政主管部门。

经过相关调查以及专家组研讨，最终将确定选择的倾倒区报国务院批准，使选址论证工作更具备针对性和目标性，从而让选址工作的科学、合理和顺利进行能够得到切实保障。

三、海洋工程污染管理

海洋工程污染通常指的是海上工程项目在建设、运营、维护或拆除过程中，因自然灾害、设备故障、技术陈旧或人为因素等原因，直接或间接地向海洋环境排放污染物质或能源，从而造成一定规模或程度的环境破坏。

加强行政机关的行政职能，严格遵守和执行现行法律法规，认真做好行政执法工作，使得我国海洋工程污染防治法在海洋环境保护中发挥应有的作用。理顺行政机关在海洋工程管理方面的职权也是我们海洋行政执法必须面对的一个重大问题。

就世界范围而言，在管理海洋的形式这一方面，主要有以下三种类型：

第一，集中管理型。集中管理型指的是政府对涉海事务实行高度统一管理。

第二，半集中管理型。半集中管理型指的是政府拥有一个专门的海洋管理机构，但是此机构并不包揽全部的海洋事务。

第三，分散管理型。分散管理型指的是没有综合的海洋管理机构，而是将海洋管理工作分散到政府的各个涉海行业部门，由各个行业部门分头管理。长期以来，我国管理海洋的形式主要属于这一种类型——分散管理型。各部门建立的与海洋管理有关的机构和队伍各成体系，相互之间协调管理。

四、船舶污染管理

就现实层面来看，导致海洋环境污染的重要原因之一，就是船舶排放油污，船舶油污染对海洋生态系统已造成严重威胁。船舶既是一种海运工具，也是一种移动的污染源。船舶海洋污染包括油类污染、有毒液体污染、包装有害物质污染、生活污水污染、垃圾污染、大气污染、噪声污染，以及其他有害物质污染等形式。其中，油类污染被认为是最严重的一种。现如今，随着航运业和海洋开发的不断进步与发展，海洋环境污染问题日益加剧，船舶排放的有害物质规模也在不断扩大，对海洋环境所造成的破坏也日益严重。

为了进一步提高人们对污染所带来的严重危害的认识，更好地激发人们对防止油污染工作的自觉性以及积极性，相关部门必须优先加强防污意识并提升船员的职业道德水平。详细来看，船舶管理人员、船长和轮机长需要保持敏锐的职业觉悟，树立坚定的防污意识，充分利用船员上船前培训、各类安全学习班，以及船舶安全会等机会，深入研究分析油污案例及其潜在危害。

为了有效地预防和控制船舶油污染事件，也为了在日常操作、定期检查，以及维护保养等各个管理环节上对防污染问题予以重视，相关部门必须注重培养船员的意识和职业道德，以确保防污意识在日常管理中得到充分体现，从而有效避免油污染事故的发生，切实做到将防污染意识与日常管理有机融合。

在安排船舶进场维修项目时，相关部门务必认真且全面地进行工程勘察，在施工过程中将其作为重点项目进行监控，在验收工程时也必须严格把关。相关部门需要及时安排船员自行处理或进行必要的港口维修，以解决潜在的污染问题。在船舶的日常管理工作中，船舶主管需要督促船员认真完成预防性检查，并且在进行登船检查时亲自专门关注这些部位。所以，船舶管理者需要具备高度的防止污染意识，并且应该积极地推动宣传和执行措施，以防止船舶造成污染。

第三章　土壤环境管理

土壤环境管理是我国当前较为注重的问题。本章为土壤环境管理，分别介绍了三个方面的内容，依次是土壤环境管理的对象、目标及政策，土壤环境监测质量管理和污染场地土壤环境修复管理。

第一节　土壤环境管理的对象、目标及政策

一、土壤环境管理对象和目标

（一）土壤环境管理对象

随着我国新型工业化、信息化、城市化和农业现代化的发展在现代的经济体系中不断取得进步的同时，我们国家所面临的土壤问题也日渐严峻。这为我国的食品安全、生态安全以及人民的健康生活都带来了不利的影响，同时还对我国社会经济的可持续发展和生态文明建设产生了阻碍。

土壤环境管理的对象是土壤及其相关环境。它通过监测、评估和控制土壤中的污染物以及其他环境因素，保护和改善土壤的质量和生态功能，维护可持续发展的环境。土壤环境管理涵盖了土壤质量监测、土壤污染治理、土地利用规划、农药使用管理、土壤养分管理等方面，旨在确保土壤的可持续利用和生态健康。

就目前而言，全球社会十分关注土壤安全问题，各国希望能够通过改善土壤生态系统的功能，以更好地应对气候变化和未来的需求，同时满足人类对粮食、燃料以及纤维的生产需求。因此，国际社会致力于可持续地管理土壤资源，以切实解决与土壤相关的重要问题。

基于"双碳"的重要发展要求，必须全面提升土壤环境管理的质量和效率。具体来看，相关工作人员应当深刻认识到土壤环境管理的重要性，对土壤管理现状进行仔细分析，并采取切实可行的土壤环境管理措施。目前，土壤环境领域最紧迫的任务是降低碳排放量、提升碳汇、出色地执行土壤环境管理工作，以使土壤的固碳功能得到进一步提高。从现实角度来看，土壤环境管理工作不仅仅是生态文明建设的重要组成部分，同时也是我国保护土地资源的重要手段。

可持续、有效和安全地利用土壤资源已经是全球性的共识。土壤是最基础的科技领域。事实上，保障粮食、纤维制品和淡水资源的供应，以及维护陆地生物多样性，都必须建立在土壤安全的基础上。因此，倘若土壤安全无法得到保障，那么土壤作为地球系统中含有碳、氮、磷、硫等元素的生命循环库的潜力就会遭到破坏，从而无法提供可再生能源所必需的关键物质。

土壤的可持续发展可以分为三个主题：资源、环境以及生态。土地资源管理属于土地利用管理的范围，指的是根据土地空间利用管理体系的框架协调经济、社会以及生态的效益。在不减少或减少一部分土壤资源的基础之上，保障土地资源的可持续发展；土壤环境管理是预防和管理土壤污染以及对各类土地的土壤环境质量进行管理；土壤生态所关注的就是土壤生物多样性和土壤生态系统功能问题。

（二）土壤环境管理目标

保证土壤的安全是土壤环境管理的主要任务。土壤安全是一种以社会可持续发展目标为前提的土壤系统意识。

在环境可持续发展的系统中，土壤在粮食安全、水资源安全、能源可持续性等方面发挥着重要的影响。土壤对于这些安全问题而言有着无法取代的作用。通常情况下，土壤安全是具有自然属性的，还有一部分具有与政治经济有关的社会属性。

国务院办公厅出台的《土壤污染防治行动计划》对我国土壤环境管理的基本思想和主要目标作出了明确的指示。对于我国的土壤环境管理问题，相关部门需要依据我国现阶段的国情以及发展的阶段，关注经济社会的全面发展，将土壤环境质量的改善作为中心问题，以农产品质量和居民居住区的安全为重点，坚持风险管控、预防为主、保护至上。对重点区域、行业和污染物进行处理，严格控制新污染源，防止土壤污染，组成由政府主导、企业负责、公众参与和社会监督的控制系统。

二、土壤环境管理主要政策

（一）农用地土壤环境管理政策

2017年9月，环境保护部、农业部根据《中华人民共和国环境保护法》等有关法律、行政法规和《土壤污染防治行动计划》，制定颁布了《农用地土壤环境管理办法（试行）》，并于2017年11月1日起施行。该办法的颁布旨在保障农产品的质量和安全，控制农用地土壤环境风险，对农用地的土壤环境予以保护，使农用地土壤环境的保护监督和管理能够得到进一步加强。

该办法提出："环境保护部对全国农用地土壤环境保护工作实施统一监督管理；县级以上地方环境保护主管部门对本行政区域内农用地土壤污染防治相关活动实施统一监督管理。农业部对全国农用地土壤安全利用、严格管控、治理与修复等工作实施监督管理；县级以上地方农业主管部门负责本行政区域内农用地土壤安全利用、严格管控、治理与修复等工作的组织实施。农用地土壤污染预防、土壤污染状况调查、环境监测、环境质量类别划分、农用地土壤优先保护、监督管理等工作，由县级以上环境保护和农业主管部门按照本办法有关规定组织实施。""排放污染物的企业事业单位和其他生产经营者应当采取有效措施，确保废水、废气排放和固体废物处理、处置符合国家有关规定要求，防止对周边农用地土壤造成污染。从事固体废物和化学品储存、运输、处置的企业，应当采取措施防止固体废物和化学品的泄漏、渗漏、遗撒、扬散污染农用地。""从事规模化畜禽养殖和农产品加工的单位和个人，应当按照相关规范要求，确定废物无害化处理方式和消纳场地。县级以上地方环境保护主管部门、农业主管部门应当依据法定职责加强畜禽养殖污染防治工作，指导畜禽养殖废弃物综合利用，防止畜禽养殖活动对农用地土壤环境造成污染。""禁止在农用地排放、倾倒、使用污泥、清淤底泥、尾矿（渣）等可能对土壤造成污染的固体废物。农田灌溉用水应当符合相应的水质标准，防止污染土壤、地下水和农产品。禁止向农田灌溉渠道排放工业废水或者医疗污水。向农田灌溉渠道排放城镇污水以及未综合利用的畜禽养殖废水、农产品加工废水的，应当保证其下游最近的灌溉取水点的水质符合农田灌溉水质标准。""环境保护部会同农业部等部门建立全国土壤环境质量监测网络，统一规划农用地土壤环境质量国控监测点位，规定监测要求，并组织实施全国农用地土壤环境监测工作。农用地土壤环境质量国控监测点位应当重点布设在粮食生产功能区、重要农产品生产保护区、特色农产品优势区以及污染风险较大的区域等。县级以上地方环境保护主管部门会同农业等有关部门，可以根据工作需要，布设地方农用地土壤环境质量监测点位，增加特征污染物监测项目，提高监测频次，有关监测结果应当及时上传农用地环境信息系统。""严格控制在优先保护类耕地集中区域新建有色金属冶炼、石油加工、化工、焦化、电镀、制革等行业企业，有关环境保护主管部门依法不予审批可能造成耕地土壤污染的建设项目环境影响报告书或者报告表。优先保护类耕地集中区域现有可能造成土壤污染的相关行业企业应当按照有关规定采取措施，防止对耕地造成污染。"①

为了能够进一步落实《中华人民共和国环境影响评价法》，对土壤环境加以更好地保护，防止或减缓土壤环境退化，规范和指导土壤环境影响评价工作，生态环境部于 2018 年 9 月制定了《环境影响评价技术导则土壤环境（试行）》，此标准对于土壤环境影响评价的一般性原则、工作程序、内容、方法和要求进行了相关的规定。

（二）土地使用准入和退出环境管理

1. 场地调查评估制度

针对那些已经被国家收回的土地，由所在城市、县级政府派遣相关的责任人进行调查和评估；将污染严重的农田转为城市建设工地的，由当地城市或县级人民政府进行调查评估；针对那些准备收回的企业用地，例如，有色金属冶炼、石油加工、化学工厂、电镀、制革等行业的占地，以及用于居住、商业、学校和医疗等用途的占地，土地使用权的责任人必须对土壤环境进行调查和评估。

以上进行调查评估的责任主体，应禁止将土地流转。如果受污染的场地尚未进行翻新和修复，则明令禁止其他项目的建设以及进行任何与恢复有关的事情。

---

① 中华人民共和国生态环境部. 农用地土壤环境管理办法（试行）[EB/OL].（2017-9-10）[2023-10-10]. https://www.mee.gov.cn/gkml/hbb/bl/201710/t20171009_423104.htm.

2. 土壤规划与建设项目事前管理制度

在进行预防土壤污染的设施建设的时候，应与其主体工程同时进行设计和施工。将未利用的土地开发为农业用地时，相关市（县，区）人民政府必须组织对土壤环境状况进行评估，如果不符合相关标准，将无法种植食用农产品。

在进行建设项目的环境影响评价时，工作人员应当加强对主要污染物的排放情况进行评估，并且需要详细规划防止土壤污染的策略，以保护土壤环境的生态安全。工作人员需要更加注重规划区和建设项目布局的合理性，根据土壤等自然条件的限制，确保区域的功能定位和空间布局是符合承载力的，不能在学校或居住区等场所建造与有色金属冶炼、焦化等相关行业有关的基础设施，应当严格遵守相关的产业和企业布局要求。

（三）受污染土地的土壤环境管理

根据国家技术标准超出相关土壤环境标准的可污染区域称为污染地块，也就是受污染的土地范围。除了常规性的调查和评估外，受污染地区的土壤环境管理还包括以下两点：

第一，对受污染的土地进行处理和恢复。即工作人员可以使用物理、化学和生物方法将体系中的污染物进行处理，这些方法可以将污染物转移、吸收、分解和转化，以使其浓度降低到可接受的程度。此外，工作人员还可以将有毒和有害污染物转化为无害、温和的物质。通常情况下，这些方法主要涵盖物理修复、化学修复以及生物净化等。

第二，对于污染土地的相关风险管理和控制。按照土壤环境的调查和风险评估结果，为需要风险管理和控制措施的受污染地区建立风险管理和控制计划，并实施目标风险管理和控制途径。一旦发现扩散后的污染，工作人员需要立即采取有效的纠正措施，例如对于土地、水源、大气等进行环境监测，并及时清除或净化污染物。同时，工作人员还要实施污染隔离和控制措施，以避免污染范围进一步扩大。

除此之外，我国非常注重污染土地的责任分担，包括土地使用权、土壤污染责任人专门机构和第三方机构的责任。首先是土地使用者的责任。这类集体应该对可疑受污染土地的土壤环境进行初步的调查，对受污染土地的土壤环境进行详细的调查，进行风险的评估、管理以及控制，或对其影响进行处理和恢复以及评估，应对上述活动的结果承担相应的责任。其次是治理和恢复的责任。根据"污染、治理一体化"的原则，造成土壤污染的单位或个人负有控制和恢复的主要责任。当责任实体变更时，变更后继承债权或债务的单位或个人应承担相关的责任。责任人消失或者责任人不清楚的，由各级人民政府依法负责。在依法转让土地使用权的情况下，土地使用权的受让方或双方约定的责任人将对此负责。如果土地使用权被终止，则原始土地使用者应对使用土地期间发生的土壤污染负责。最后是专业组织和第三方组织的责任。在具体的实践过程中，无论是委托进行可疑和受污染场地有关的活动的专门机构，还是委托进行治理和恢复有效性评估的第三方机构，都必须严格遵守国家和地方的相关环境标准以及技术规范。同时，工作人员应就有关活动进行调查报告，评估报告的可靠性、准确性和完整性。

（四）土壤环境标准

在信息化迅猛发展的时代，我国的经济发展速度越来越快，土壤环境状况也发生了重大变化，变得纷繁复杂。

我国的土壤环境标准还有很多改进的空间。首先，要将国家和地方政府结合起来。土壤污染具有区域性和局部性特征，甚至相邻的土地也具有不同的污染特征，这是因为使用和保护的目的存在差异。因此，我国的土壤环境保护标准体系也应包括国家和地区的不同标准。其次，实行分类控制管理。我国土壤环境管理主要是通过分析区域环境特征和土壤特征、土壤环境保护、土壤污染防治与土壤环境管理的需求，主要是防止土壤污染、土壤风险管理控制以及土壤的改良。

中国的土壤环境保护标准体系应分为几个组成部分：一是由土壤环境背景值、土壤污染风险筛查值（土壤生态风险筛查值，土壤人体健康分析筛查值）、农业用地土壤生产力和土壤修复值组成的土壤环境质量标准；二是土壤污染预防和控制标准，该标准管理是控制和防止已引入或可能引入的污染物；三是与土壤有关的支持标准和土壤基本环境标准。在此基础上，提出了土壤环境保护标准体系的优化方案，属于两阶段四分类的标准体系。

第二节　土壤环境监测质量管理

一、土壤环境监测质量管理背景与重点内容

（一）背景

面对土壤污染问题，国务院印发《土壤污染防治行动计划》（简称"土十条"），这一环保政策备受瞩目。

"土十条"从开展土壤污染调查、推进土壤污染立法、强化未污染土壤保护、开展污染治理与修复、推动环境保护产业发展、构建土壤环境治理体系、加强建立问责机制等十个方面，形成从土壤环境调查到预防、污染、修复，再到监管体系的行动计划。

（二）重点内容

1. 国家监测网质量体系建设

针对国家网环境监测任务，为进一步规范环境监测行为，总站以全面、科学、合理、可行、可拓展以及全过程和全要素质量管理的理念为出发点，针对性地提出国家网环境监测质量管理体系，其中包括 13 个要素：监测机构、人员、监测设施和环境、监测仪器设备、质量体系、监测活动、内部质量管理、文件控制、记录、档案、质量管理报告、信息备案和报告、外部质量监督。国家网出台的"质量体系文件"对监测任务和监测机构提出全面、系统、具体的质量管理要求，特别明确了监测机构自我完善的自律性要求、内部质量管理的计划性和总结评价规定、监测记录、档案管理和备案制度等。

2. 强化监测过程控制

有效控制监测活动的实施过程是保证数据质量的关键。以监测技术和质量控制技术为基础，确定技术要点和控制环节，采取多渠道、多措施、多手段、多方式的管理模式，建立科学、合理、可行、有效、系统的质量管理和监督机制，有效控制整个监测过程中的关键节点，保证监测质量。按照质量体系要求，加强监

测机构自律，监测机构需要严格内部质量控制，并加强内部和外部质量监督，进行数据质量总结，编写质量管理报告提交给总站，完成监测任务产生的技术资料、档案资料一并提交总站。

3. 健全质量总结制度

监测任务完成后，总站要及时完成质量总结报告。根据监测机构的内部质量管理报告和附加体系文件对其质量管理体系运行情况、监测机构自律情况进行总结，特别对于质量体系要求的全要素，须详细说明各要素的实施情况，并明确指出存在的不足和缺失。此外，对于监测机构的内部控制情况要重点突出和说明。根据多方式、多措施进行的外部质量监督结果，对监测活动全过程的执行情况、监测任务的完成情况、监测数据质量等关键信息进行总结。强调监测活动中行为的规范性，指明需要改进和规避的地方；强调监测任务执行过程中的时间节点，任务完成的及时率；对保障数据质量的质控手段重点说明加强监测机构能力建设。

4. 建立质量评价机制

按照"国家监测质量体系文件"要求，根据质量监督结果，对监测任务完成情况进行质量评价。根据体系运行有效率、数据有效率、技术审核通过率、质控结果合格率等情况，一方面对监测机构的监测任务的完成情况和数据质量进行评价，另一方面评价各国家网监测任务完成情况和完成质量。质量评价体系通过对全过程、全要素的质量监督结果（监测记录正确率、操作规范程度、数据上报及时率、任务完成率等）对监测任务完成质量进行评价。有理有据地保证监测数据的可靠性、准确性、权威性，为环境管理提供科学、有力的技术支撑。

5. 质量评价体系

（1）加快土壤监测信息平台建设。通过土壤监测信息平台，人们可以实现监测信息远程审核、监测现场实时监控、样品信息保密存储、监测数据智能化筛选和分析等功能，实现对土壤监测全过程的有效监督和管理，推进监测系统智能化建设。

（2）建立健全质量评价体系。建立完善的质量评价体系是保证监测数据准确可靠的重要依据。依据质量评价结果，政府对监测机构实施表彰、整改、处罚等行政管理手段，并对监测任务有针对性地进行调整和完善，提高监测完成质量。

（3）完善监测技术体系。监测技术是整个监测活动的重要支撑，是监测数据质量的重要基础。根据国家监测网的任务要求，相关部门需要对监测技术体系进行深入研究、开展方法的比对工作以及方法修订，完善监测技术体系。

二、土壤环境监测质量管理技术研究

（一）不同土壤监测质量控制体系的比较

1. 国内外土壤监测工作进展

自 20 世纪 70 年代开始，国内外相继开展土壤监测工作。

美国资源清单（National Resources Inventory，NRI）是美国开始进行土地调查和监测的起点。这份数据的调查范围包括私人土地、部落和托管地，旨在分析美国非联邦土地的利用情况和资源，并预测其发展趋势。自 1977 年开始，NRI 每隔 5 年举办一次，分别于 1977 年、1982 年、1987 年、1992 年和 1997 年举行。到了 21 世纪，从土壤污染防治以及风险评估等方面来看，美国已然取得了明显的效果。

1984 年，瑞士建立了土壤环境监测网，旨在全国范围内实施长期的土壤监测计划。该计划的主要目标是评估土壤的物理、化学和生物属性，以揭示土壤环境质量的现状，并确保土壤肥力的长期稳定，监控生态系统的可持续发展，进而展开长期的变化趋势分析。为了达成这一目标，瑞士土壤环境监测网建立了一个监测指标体系，其中包含了土壤的物理、化学和生物学特性。最初的研究主要关注土壤基础特征和肥力；2003 年，研究者还开始测量土壤的压实程度和侵蚀情况等物理性指标；到了 2012 年，更是增加了关于土壤生物问题的调查，重点关注土壤生物活动，如微生物量等指标被纳入考量。

1988 年，英国标准协会（BSI）发布了一份名为《潜在土壤污染调查规范（草案）》的文件，它规定了一般土壤污染调查的过程和方式，包括前期准备、取样点的选择方法、样品数量、样品采集方法、质量监控和报告编制等方面。自 1992 年起，英国开始致力于研究和管理土壤污染风险，并进行修复工作。在 2007 年的调查中，监测内容涵盖了土壤肥力、污染物、生物多样性、土壤物理特性等方面的增加。在过去几年中，土壤调查已成为监测计划中不可或缺的重要组成部分，旨在维护土壤的健康状况并掌握其变化趋势。

我国的土壤环境监测起步于"七五"期间的"中国土壤环境背景值研究"，由中国环境监测总站等 60 个单位协作攻关研究了 29 个省、自治区、直辖市所有土壤类型，分析元素达 69 种。1990 年，还出版了《中国土壤元素背景值》一书。这是目前最广泛、最全面的一次土壤监测环境调查研究。

近几年，我国将土壤环境监测作为例行工作，并在 2016 年发布《土壤污染防治行动计划》中提出了明确要求。2018 年，农业农村部和生态环境部发布了《国家土壤环境监测网农产品产地土壤环境监测工作方案》（农办科〔2018〕19 号，以下简称《方案》）。该方案为贯彻落实《土壤污染防治法》和《土壤污染防治行动计划》（国发〔2016〕31 号），按照《生态环境监测网络建设方案》（国办发〔2015〕56 号）、《关于深化环境监测改革提高环境监测数据质量的意见》（厅字〔2017〕35 号）和《农用地土壤环境管理办法》（原环境保护部、原农业部部令第 46 号），生态环境部会同农业农村部等部门建立国家土壤环境监测网（以下简称国家网），统一规划国家土壤环境监测站（点）的设置，实现数据共享。农业农村部和生态环境部共同研究制定了《方案》，目的是规范和加强农产品产地土壤环境监测活动。

为了更加重视保障农产品的质量安全，加强对农产品产地土壤环境的监管力度，并提升监测预警的能力和水平，我们需要建立和完善全国的农产品产地土壤环境监测体系，并积极开展农产品产地土壤环境监测工作。

当前，有许多部门和省、自治区、直辖市都安排了一定量的专项生态地质调查工作，旨在对本部门、本地区的工农业生产和规划、地质灾害、环境污染等重大问题予以研究分析和妥善解决。

不仅如此，我国还进行了针对国情的土壤监测研究，包括但不限于监测土壤中的水分、侵蚀和盐渍化情况、肥力状况等，并将 3S 技术应用于土壤环境监测，以更好地适应自身的实际需要和现实需求。

2. 国内外土壤监测体系

随着国内外土壤监测工作的开展，各国建立了本国的土壤环境监测体系。

（1）国外土壤监测体系。美国土壤监测标准体系体量总计 300 余项，其中 EPA 标准 200 余项，ASTM 标准 80 余项。土壤监测标准体系涉及土壤样品采集、土壤环境污染物监测方法、质量管理、质量控制、质量保证和数据评价等方面。

英国的土壤监测标准体系，以 BSI 制定的土壤监测标准为主。BSI 在制定相关术语和定义、土壤采集、样品制备、土壤环境污染物监测方法等方面标准时，积极采纳了国际标准化组织（ISO）的标准。英国土壤监测体系体量共 200 余项，标准涉及土壤监测相关词汇、样品现场采集和描述、样品预处理、土壤环境污染物监测方法、样品运输存储和保存、质量控制和质量保证等方面。

日本的土壤监测标准体系，自 20 世纪 70 年代首次修订，到 2014 年最新修订，经历了半个世纪的历史阶段。到 2014 年，土壤环境质量标准共修订了 9 次。其中，土壤监测分析项目包括重金属类、挥发性有机化合物（VOC）、农药、多联苯（PCB）等共 27 项。自 1970 年至今，日本共发布了 5 部有关土壤环境监测的法律，包括《农用地土壤污染防治法》《Dioxins 物质对策特别措施法》《土壤污染对策法》《土壤污染防治法》《放射性物质污染对策特别措施法》。

（2）我国土壤监测体系。我国的土壤监测在多个行业中开展，包括农业、地质调查和环境保护等行业。每个行业均形成了行业内部的土壤监测体系。

我国在 2000 年颁布了《农田土壤环境质量监测技术规范》（NY/T395—2000），其中对于农田土壤环境质量监测的布点采样、分析手段、质控计划、数据核算、利用评估和档案记录等关键领域予以了相关规定，并于 2012 年进行了修订，补充了相应的土壤监测项目及方法。包括国家标准和农业行业标准在内，土壤环境污染物监测方法标准共有 46 项内容。

地质调查局在 2005 年制定了关于土壤地质调查的标准，包括对多目标区域地球化学调查规范（1：250000）（DD2005—01）、区域生态化学评价技术要求（DD2005—02）和生态地球化学评价样品分析技术要求（DD2005—03）；2008 年制定了土壤质量地球化学评估技术要求（DD2008—06）；2014 年制定了土壤质量地球化学监测技术要求（DD2014—10）。这些标准中对土壤监测过程中的前期准备、样品采集、样品制备、监测项目、分析方法、质量控制等方面进行了规定。

我国环境保护现行的土壤监测标准体系由政策性文件（《中华人民共和国土壤污染防治法》《工矿用地土壤环境管理办法（试行）》《农用地土壤环境管理办法（试行）》《建设用地土壤环境调查评估技术指南》等），土壤相关规范、标准（HJ964—2018、HJ25.4—2019 等），土壤监测相关标准（GB/T39228—2020、

GB/T36197—2018、GB/T36198—2018、GB/T36199—2018、GB/T36393—2018、HJ1068—2019 等），森林土壤相关测定标准（LY/T1234—2015、LY/T1232—2015等）和其他类标准（HJ1019—2019、GB/T36783—2018 等）共同构建。

3. 国内外土壤监测质量控制体系

（1）国外土壤监测质量控制体系。国外建立的土壤监测质量控制体系中，美国建立的质量控制体系较为全面、系统。

美国环境监测的质量控制和质量保证是由法律驱使及保障的。EPA（美国环境保护署）编制了一系列有关质量管理的规定性及指导性文件，包括环境设计质量体系建立指南、EPA 对质量管理计划的要求、EPA 质量体系评估指南、使用数据质量目标程序系统策划指南、EPA 对质量保证方案设计要求、质量保证方案设计指南、环境数据收集采样方案选择指南、标准操作程序准备指南、环境数据操作的技术审查和相关评估指南数据质量评估、质量体系培训程序建立指南、环境技术方案设计、建立及操作质量保证指南。

美国土壤监测的质量控制涉及质量管理计划的全过程，包括土壤样品现场采集、样品制备、样品流转、样品存储、实验室分析测试等方面。在 EPA 的质量管理计划中，对于数据质量目标产生结果的精密度、系统误差、准确度、灵敏度、代表性、可比性和完整性予以了明确的要求；在对质量控制的要求中，对于质量控制项目的内容进行了详细的说明，其中包含了对质控样品种类、频率、标准物质添加、标准曲线验证以及各种质控指标等的具体阐释。美国的环境监测在土壤监测过程中，质量控制的项目及详细标准是由签订合同的甲乙双方共同决定的。因此，每个项目的质量控制要求会有所不同。

（2）国内土壤监测质量控制分析。我国土壤监测的标准体系中，质量控制包含在各行业的土壤环境质量监测技术规范中。

通过对原国家环境保护总局[①]、原农业部[②]和地质调查局发布的有关土壤环境质量标准中技术规范或要求的对比研究发现，环境保护部和农业部发布的技术规范是以对土壤或农田土壤全程序监测为主要内容，而地调局发布的技术要求是以对土壤质量分类评估为主要内容。地调局的技术规范或要求比环境保护部、农业

---

① 国家环保总局在 2008 年改名为环境保护部，又于 2018 年改名为生态环境部。

② 农业部于 2018 年改名为农业农村部。

部制定的技术规范或要求多，增加对调查规范、生态系统评价规范和样品分析要求的制定。调查规范中对多目标地球化学调查、生态系统中对多种生态系统、样品分析中对多种样品分析项目均进行了详细的规定。三个部门进行对比分析的标准如表3-2-1所示。

表3-2-1　环境保护部、农业部、地调局的土壤环境监测标准

发布单位	标准	标准编号
环境保护部	土壤环境监测技术规范	HJ/T166—2004
农业部	农田土壤环境质量监测技术规范	NY/T395—2012
地调局	土地质量地球化学监测技术要求	DD2014—10
	土壤质量地球化学评估技术要求（试行）	DD2008—06
	多目标区域地球化学调查规范（1∶250000）	DD2005—01
	区域生态化学评价技术要求（试行）	DD2005—02
	生态地球化学评价样品分析技术要求（试行）	DD2005—03

环境保护部、农业部、地调局的技术规范或要求中，均对布点方案、样品采集、样品流转、样品存储、样品制备、分析测试、分析记录与测试报告、质量评价、质量控制与质量保证等监测过程进行了规定。监测过程中均能体现出质量保证，因此在对全过程步骤的分析对比中，不仅对比了三个部门制定技术规范的具体内容，也对比了步骤中体现的质量控制与质量保证的内容。

环境保护部的技术规范主要制定的是不同土壤用途的布点方案及质量保证，包括区域环境背景点土壤、农田土壤、建设项目土壤、城市土壤及污染事故土壤。农业部的技术规范主要制定的是农田不同调查目的的布点方案及质量保证，包括区域环境背景点土壤、农田土壤环境质量现状监测（污染事故调查监测、无公害农产品基地监测等）、农田土壤长期定点点位监测。地调局的技术规范主要制定的是不同维度、不同地形、不同用途土壤的布点方案及质量保证，包括不同维度（国家—省级、市—县、乡—镇、村—组）的土壤，不同地形（平原、滩涂、丘陵、江河水系发育等）的土壤，以及不同用途（耕地、园地、林地、草地等）的土壤。布点方案中体现质量保证具体内容的对比如表3-2-2所示。

表 3-2-2　环境保护部、农业部、地调局的土壤布点方案质量保证对比

内容	环境保护部	农业部	地调局	备注
布点密度	√	√	√	环境保护部的布点密度是通过公式计算得出，农业部和地调局的布点密度是给定了明确的参考范围。三个部门的布点密度会依据具体情况进行相应调整，但每个监测单元最少设 3 个点
布点原则	√	√	√	三个部门的布点原则均为采样点的布设具有代表性
布点方法	√	√	√	环境保护部和地调局为网格化布点法，环境保护部在网格内可以选择简单随机、分块随机、系统随机三种方法，地调局在网格内均匀布点。农业部布点方式依据布点原则，在布设范围内均匀布点

　　环境保护部的技术规范制定了不同土壤用途的采样方式及质量保证，包括区域环境背景点土壤、农田土壤、建设项目土壤、城市土壤及污染事故土壤；农业部的技术规范制定了不同种植类型的采样方式及质量保证，包括永久耕地、新垦地、果林地等；地调局的技术规范制定的是不同地形土壤的采样方式，包括平原和丘陵。三个部门制定的技术规范中均需采集表层土和剖面土。表层土一般采集深度为 0~20cm，剖面深度一般为 1~2m。采样深度和剖面柱数量会依据不同用途、不同种植类型、不同地形而有所调整。环境保护部的技术规范制定的要求采集区域环境背景土壤样品量为 2kg，其他用途土壤的样品采集量为 1kg。而农业部和地调局的技术规范制定的采集土壤样品量为 1kg，对农田表层土壤的采集要求均为采集混合样。地调局如采集混合样需由 15 个以上的子样组成，每个样子的采土部位、深度要求一致。样品采集中体现质量保证具体内容的对比如表 3-2-3 所示。

表 3-2-3　环境保护部、农业部、地调局的土壤样品采集质量保证对比

内容	环境保护部	农业部	地调局	备注
样品采集分为三个阶段	√	√		环境保护部和农业部的样品采集分为三个阶段，包括前期采样、正式采样和补充采样阶段。而地调局的样品采集为前期采样、正式采样两个阶段

内容	环境保护部	农业部	地调局	备注
GPS 定点采样		√	√	农业部和地调局均使用 GPS 定位标记，并建立档案
填写样品标签、采样记录等。如有缺项和错误及时补齐更正	√	√	√	地调局将一个采样网格划分成 50 个小格编写对应样品编号表，并标注出添加标准控制样的样品和重复采集的样品。环境保护部和农业部的质量保证中没有提及
采样时间和频次	√	√		环境保护部和农业部均对采样时间和频次进行了规定，但地调局没有规定，地调局的标准主要是针对一次调查制定的

三个部门的技术规范中均对样品流转制定了要求。环境保护部和农业部的技术规范中具体内容相同，即对样品装运前的核对、运输中的防损以及样品的交接都进行了详细规定。而地调局的技术规范仅对样品交接作出规定，但明确规定了实验室拒收情况。样品流转中体现质量保证具体内容的对比如表 3-2-4 所示。

表 3-2-4　环境保护部、农业部、地调局的土壤样品流转质量保证对比

内容	环境保护部	农业部	地调局	备注
装运前核对样品与登记表、标签和记录	√	√		环境保护部和农业部的质量保证内容相同
运输过程中保证样品质量	√	√		环境保护部要求运输过程中严防样品的损失、混淆和玷污，对光敏感的样品应有避光外包装。而农业部未对光敏样品做出规定
送样人和交接人签字，并双方备份	√	√	√	环境保护部、农业部、地调局对样品交接的要求一样。但地调局对实验室拒收进行了规定，包括无送样委托书，或送样委托书填写不清、不全，样品无编号或编号混乱或有重号，样品在运输过程中受到破损、丢失或污染，样品质量不符合本暂行规定或设计书要求

环境保护部的技术规范对土壤样品存储进行了较为全面的规定，其中包括：预留样品、新鲜样品的保存、保存时间和样品库、分析取用后的剩余样品等方面。地调局的技术规范中对新鲜样品的保存、建立样品档案和样品库管理进行了详细规定。农业部的技术规范也对新鲜样品的保存、保存时间和样品库进行了规定，但没有建立预留样品库和仅定点监测样品需要长期保存，土壤保存时间相较环境保护部的要求减少了一半时间。样品存储中体现质量保证具体内容的对比如表 3-2-5 所示。

表 3-2-5　环境保护部、农业部、地调局的土壤样品存储质量保证对比

内容	环境保护部	农业部	地调局	备注
样品保存按编号、名称和粒径保存	√	√	√	三个部门的要求一致
对测定有机污染物和需要新鲜土壤样品进行测定的需要特定保存	√	√	√	环境保护部、农业部和地调局对测定有机污染物和需要新鲜土壤样品进行测定的保存方法有所差异
预留样品造册保存	√			仅环境保护部有对预留样品的规定
样品库样品保存要求	√	√	√	三个部门的要求一致
样品库样品管理要求	√		√	环境保护部和地调局均要求样品入库，领用和清理需要记录，分析测试后剩下的样品也需样品库保存。农业部没有制定样品库

环境保护部和农业部的技术规范对土壤样品制备方法要求相同，并且对监测项目的土壤样品要求也相同。地调局的土样制备方法与环境保护部、农业部制定的不相同。地调局的土壤样品是在采集过程中进行现场加工，加工后的样品送到实验室分析测试。而环境保护部和农业部的要求是将采集土壤样品密封后，送至实验室后才开始制备。地调局的技术规范对不同监测项目（土壤样品中元素有效

态及可浸提态、土壤样品形态、土壤样品元素价态）的土壤样品要求进行了详细
的规定。样品存储中体现质量保证具体内容的对比如表 3-2-6 所示。

表 3-2-6　环境保护部、农业部、地调局的土壤制备质量保证对比

内容	环境保护部	农业部	地调局	备注
分设风干室和磨样室	√	√		环境保护部和农业部对风干室和磨样室的要求一样，而地调局未对制备工作室进行规定
制备用相应设备研磨、过筛、装样	√	√	√	环境保护部和农业部对土壤制备的设备要求一致而地调局的土壤制备在采集现场，与环境保护部农业部的要求不相同
样品风干	√	√	√	三个部门均要求土壤风干后，再进行分析测试
样品粗磨	√	√	√	三个部门均制定关于土壤粗磨的要求，土壤粗磨是因要分析测试的项目要求而制定的
样品细磨	√	√	√	三个部门均制定关于土壤细磨的要求，土壤细磨是因要分析测试的项目要求而制定的
样品分装	√	√		环境保护部和农业部制定了样品分装，是经研磨混匀后的样品，分装于样品袋或样品瓶。填写土壤标签一式两份，瓶内或袋内放 1 份，外贴 1 份。但地调局没有规定样品分装

　　从监测项目的形态划分，农业部的技术规范所制定的监测项目最为全面，包
括常规项目、特定项目、选测项目。从监测项目的种类划分，环境保护部的技术
规范所制定的监测项目最为全面，包括 50 项监测项目。技术规范中具体监测项
目如表 3-2-7 所示。三个部门制定的质量保证内容相同，均为按照监测项目要求，
按照规定的监测方法标准，分析测试监测项目。测试标准会随科学技术的发展而
更为进步，因此在规定分析测试标准时，要备注说明可以选择相应的标准范围，
按发布的最新标准进行分析测试。

表 3-2-7　环境保护部、农业部、地调局的土壤分析项目对比

	环境保护部	农业部	地调局
监测内容	对常规项目（pH、阳离子交换量、镉、铬、汞、砷、铅、铜、锌、镍、六六六、滴滴涕）、特定项目（污染事故）、选测项目（全盐量、硼、氟、氮、磷、钾、氰化物、六价铬、挥发酚、烷基汞、苯并[a]芘、有机质、硫化物、石油类、苯、挥发性卤代烃、有机磷农药、PCB、PAH、硒、钒、氧化稀土总量、钼、铁、锰、镁、钙、钠、铝、硅、放射性比活度等）的监测频次和分析方法进行详细规定	对总铜、有效态铜、总锌、有效态锌、总铅、总铬、总镍、总镉、总汞、总砷、pH、水分、阳离子交换量、水溶性盐、容重、机械组成、氯化物、总氮、总磷、有效磷、有机质、氟化物、硫酸根离子、有效态铁、有效态锰、有机碳、挥发性有机物、最大吸混量、硒、全钾、速效钾、钙、镁、钠、交换性钙、交换性镁、有效钼、有效硼、硫酸盐、有效硫、六六六、滴滴涕、六种多环芳烃、稀土总量、有效态铅、有效态镉、磺酰脲类除草剂、有机磷农药的监测方法进行详细规定	对镉、铅、总汞、总砷、铜、锌、总铬、镍、六六六、滴滴涕、六种多环芳烃、全氮、全磷、全钾、总硒、氮、阴离子交换量、土壤有机质、容重、机械组成、有效硅、铵态氮、硝态氮、速效钾、缓效钾、有效磷、交换性钙和镁、交换性钾和钠、阳离子交换量、有效硫、有效（活性）硅、有效铁、有效硼、有效（活性）锰、有效钼、有效铜、有效锌、有机质、pH、浸提性钴、浸提性铅进行详细规定

　　环境保护部的技术规范详细规定了分析记录以及监测报告的内容和格式，而农业部的技术规范相对较为简洁，但这两个部门都对分析结果数据的处理、监测数据的录入和有效数字的要求进行了规定。而地调局制定的技术规范并没有规定监测报告，但对评估报告的内容进行了规定。农业部的技术规范中未对报告的内容进行要求。如表 3-2-8 所示，为样品存储中体现质量保证具体内容的对比。

表 3-2-8　环境保护部、农业部、地调局的土壤监测报告对比

内容	环境保护部	农业部	地调局	备注
分析记录内容齐全、格式标准	√			农业部有提及填写分析记录，但并没有对填写标准进行规定

续表

内容	环境保护部	农业部	地调局	备注
有效数字的计算修约规则按 GB8170 执行	√	√		环境保护部和农业部的规定相同
可延数据无需要就应剔除	√	√		环境保护部和农业部的规定相同
平行样的测定结果用平均值表示。数据剔除离群值后以平均值报出。低于分析方法检出限的测定值按"未检出"报出，但应注明检出限。参加统计时按 1/2 检出限计算；但在计算检出限时，按未检出统计	√	√		环境保护部和农业部的规定相同
表示分析结果的有效数字一般保留 3 位，但不能超过方法检出限的有效数字位数。表示分析结果精密度的数据，只取 1 位有效数字。当测定次数很多时，最多只取 2 位有效数字	√	√		环境保护部和农业部的规定相同
监测报告内容全面	√			
评估报告内容全面			√	

环境保护部的技术规范对土壤环境质量评价的多种方法进行详细说明并表述了相应的计算方式，包括污染指数及超标率（倍数）评价、内梅罗污染指数评价、背景值及标准偏差评价、综合污染指数法。而农业部和地调局的技术规范对土壤环境质量的评价方法进行了简要说明，并且评价方法少于环境保护部的评价方法。农业部的评价方法包括累积性评价和适应性评价，地调局的评价方法包括单指标等级划分、综合指标等价划分、综合评价。三个部门的质量保证均选择不同的评价方法，可以按照相应公式计算得出相应的评价结果。

在全过程质量监测的过程中，质量保证出现在每个步骤。这一部分主要是实验室质量控制和质量保证的比较。如表 3-2-9 所示，为技术规范中的具体内容。环境保护部、农业部和地调局的实验室质量控制均包括实验室内部质量控制和实验室间质量控制。

表 3-2-9　环境保护部、农业部、地调局的质量控制与质量保证对比

环境保护部	农业部	地调局
主要内容	（1）实验室内部质量控制包括精密度控制、准确度控制、质量控制图和土壤标准样品 （2）实验室间质量控制包括参加实验室间对比和能力验证 （3）土壤环境监测误差源由采样误差、制样误差和分析误差三部分组成	（1）实验室内部质量控制包括分析质量控制基础实验，校准曲线的绘制、检查与使用，精密度控制，确定控制，质量控制图，监测数据异常时的质量控制 （2）实验室间的质量控制包括实验室间的比对和能力验证 （3）对几个基本统计量包括平均值、中位数、极差、平均偏差、相对平均偏差、标准偏差、相对标准偏差、误差、相对误差、方差的计算均按照相应计算公式，得出结论	（1）实验室内部的质量控制包括准确度控制、精密度控制、报出率控制、试样的重复性检验、异常点的重复检验、在分析过程中还要注意进行试液（料）制备控制、标准溶液控制，标准曲线（工作曲线）控制、空白试验、背景扣除和干扰校正等、监控图的绘制 （2）实验室外部质量控制是通过送样单位或送样单位委托质量监督员以密码插入标准控制样方法来进行质量控制

注：表格第一列"主要内容"为跨行标题。

　　环境保护部的标准中对质量控制的要求包括实验室内部质量控制和实验室间质量控制。实验室内部质量控制涉及精密度控制、准确度控制、质量控制图和土壤标准样品。实验室间质量控制包括参加实验室间对比和能力验证。

　　农业部在土壤监测中的质量控制，主要是实验室内部质量控制和实验室间质量控制。实验室内部质量控制包括对全程序空白值的测定、检出的要求、校准曲线的绘制检查与使用、精密度控制和准确度控制（使用标准物质和质控样品、加标回收率的测定、质量控制图、监测数据异常时的质量控制）。实验室间的质量控制是多个实验室参加协作项目监测时，对实验室间的技术培训、现场考核、加标质控、中期抽查、抽查互检和最终审核进行质量控制。

　　地调局的标准中对实验室内部质量控制的要求，主要是各类指标的分析方法检出限和分析方法的准确度及精密度控制。其中包括相对误差、相对标准偏差、准确度、精密度和数据质量评估与处理等。而对实验室的外部质量控制是通过送样单位或送样单位委托质量监督员，以密码插入标准控制样方法来进行质量控制。地质调查的质量控制要求主要是根据不同监测项目而确定。

　　环境保护部和农业部的技术规范中，对实验室内部质量控制的规定内容基本一致。其中，存在一定差异的是，土壤监测平行双样测定值的准确度以及精密度

的允许误差的数值区间范围。地调局的实验室内部质量控制是依据不同监测项目而确定的，与环境保护部和农业部的要求不相同。农业部的技术规范对实验室间的质量控制进行了详细说明，相对制定得较为全面。而地调局的实验室外部质量控制，则是通过送样单位或者送样单位委托质量监督员，采取将密码插入标准控制样的方法来具体完成的。

农业部的技术规范对不同调查目的农田土壤的全程序监测内容制定较为全面，但对样品库管理、分析记录和监测报告的要求还需加强。农业部的样品保留半年至一年，不会长期留存，可能与农田其自身的特殊性有关。但从土壤质量监测的角度，农田土壤也应该建立长期的样品库，保证样品的存储及再次使用。农业部的技术规范制定的是农田土壤环境质量监测技术规范，但是在内容中没有提及监测报告的编制。农业部制定质量控制要求中没有涉及土壤样品制备的质量控制要求。

地调局的技术规范是以土壤质量地球化学评估为主要内容，监测是为评估提供技术支持。因此，地调局的监测更倾向于从实际评估的角度出发，且依据不同的评估范围、生态系统、监测项目制定相应的技术规范。地调局的技术规范更适合操作人员实际操作。

"土十条"的颁布对土壤环境监测工作有了新要求和新挑战。所以，相关部门需要在土壤监测质控体系中增加土壤样品制备等方面的质量控制要求，加强对质量控制体系的监督，可以在土壤监测质量管理过程中对质量保证条件、样品采集、制备、加标、流转、保存等方面对质控手段进行优化。

（二）土壤环境监测各环节的质控手段

土壤环境监测工作整个流程包括点位布设、样品采集、样品流转（样品运输与样品交接）、样品制备、样品分析测试、编制报告。以前土壤环境质量控制主要体现在实验室分析测试质量控制，这显然已无法满足当前土壤环境质量工作的要求。新形势下土壤环境质量控制是对土壤监测全过程、全要素、多手段、多措施的质量控制。

点位布设是土壤环境监测工作的基础，点位的科学性、合理性直接影响最终土壤环境质量评价结果。点位按照环境属性可以分为风险监控点、一般基础点、背景点。目前，监测部门常采用网格布点法。根据布点区域范围、点位数以及监测目的，要求网格大小也不一致。例如，国家土壤环境监测网布点网格为 8m×8m，农业部门耕地等质量调查网格为 25m×25m。

点位布设一般通过两种方式完成质量审核：专家论证会审核和现场核查。专家论证会审核是指召开专家论证会，通过专家商讨、论证对布点方案进行修改和完善；现场核查是指布点人员（或了解布点原则的人员）到达点位现场，根据现场实际情况审核点位布设，这种布设方法更加科学性、合理性。点位布设使用的地图可能存在分辨率不高、更新不及时或无法真实反映现场情况，因此点位现场核查是十分必要的。但是因为现场核查耗时耗力、从事土壤专职工作人员不足、采样现场路途遥远等问题，在实际工作中一般很难保证每个点位在采样前完成现场核查。本书建议点位布设方案完成后，需经专家论证会讨论通过，并在现场采样时，由布点人员（或同等能力人员）对点位情况进行现场核查。

土壤样品采集是野外工作，所以以前土壤采样质控措施通常是随机抽查、现场监督的方式。由监督人员随机抽查点位、提前告知采样人员，并随采样人员一起到达采样现场，在现场对采样点位的准确性、采样过程的规范性进行核查。国土部门对样品采集的监督方式通常是组成专家组，对采样后的点位进行核实。核查采样点位的准确性对于国家网土壤环境监测任务来说，由于点位一般较为分散，且路途较远，因此这种质控方式的效率较低，抽查点位比例较低。随着互联网技术的发展，现在可以使用采样系统对点位进行管理以及远程监控。依靠大数据的统计和管理，可以实现采样点位 100% 的远程监控；设置系统参数，调整采样时的校验距离，可以实现精准采样，保证采样点位在可接受、可控范围内；提交采样视频、采样时的照片等信息，并通过系统校验，保证采样过程的规范性；现场生成随机码，可以实现真正的采测分离，保证实验室分析测试的公正性和随机性；将采样信息电子化、信息化，可以减少使用纸版记录，符合信息化办公和绿色办公的趋势。因此，在大范围、大尺度的土壤环境监测工作中，建议使用采样系统对样品采集进行远程监控，同时适当结合现场监督的工作方式，以便及时发现现场可能存在的问题。

样品流转一般包括样品运输和样品交接过程。目前，一般通过资料审查的方式如检查运输记录表、样品交接记录表。但是仅仅使用这种方式是不够的，因为记录可能会存在与事实不符和事后补记的情况。所以建议使用新的技术，在样品运输的车辆上安装摄像头记录样品运输的情况和环境条件；在样品交接阶段，使用视频记录样品交接过程。通过查看影像资料检查运输过程是否规范。

样品制备环节包括样品风干和样品制备两个过程。样品制备是整个土壤监测过程中的一个关键环节，如样品制备过程中未拣出的植物根系等影响有机质的测定；样品粒径会影响 pH、重金属的测定结果。样品制备过程很容易造成样品编号混淆或脱落，使样品无法溯源。在以往的监测工作中这个环节通常被忽视，并没有明确的质控手段。建议在实际工作中使用远程监控和现场监督两种相结合的方式。在样品风干室、样品制备室安装网络视频监控，对环境条件可以进行视频录制，同时也可以通过网络进行远程监控。远程监控可以对风干时的状态，实验人员翻动样品的频率和操作，样品制备过程的操作进行远程的监督。但样品制备过程仅靠远程的监控是不够的，仍然需要监督人员在现场对制备过程进行监督，检查远程监控中无法看到的细节问题。例如，风干室、制作室是否满足规范要求、无异味；样品标签的正确性、唯一性；样品的杂质是否清除完全；样品制备记录填写是否规范等只能在现场监督才能看到的问题。另外，参考国土部门在样品制备过程的质控手段，对样品制备后样品的过筛率、损耗率进行计算，并评价样品制备的效果。

土壤样品分析测试阶段的质量控制是相对比较成熟的方法，分为外部质量控制和内部质量控制。当前，外部质量控制是以测试、能力验证等方式为主。这种方式主要考查的是被考核实验室的技术水平，无法证明实验室在做批量测试时的数据质量。

土壤监测过程中实验室内部控制主要包括空白试验、准确度控制、精密度控制。理化项目、重金属准确度控制主要使用有证标准物质，有机物测试过程准确度控制主要采用加标回收的方式。土壤类型多、基质复杂、不均质性，土壤分析测试具有技术难点，质量控制手段也需要充分考虑土壤特性。外部质量控制可以使用批次质控的方式，将密码平行样、有证标准物质加入样品中，对整批样品质量控制。批次内质控样按照评价标准进行评价，不合格的项目需要对整批样品进行复测直至合格。

（三）土壤环境监测质量监督管理体系研究

土壤环境监测工作刚刚起步，关于土壤环境质量监督的系统工作还开展较少。

国家网土壤环境监测以"建规则—控过程—做总结—有评价"为土壤环境监测的质量管理总思路，立足全过程和全要素质量管理理念，构建国家网环境监测质量体系。编写、修改《国家环境监测网质量体系文件（土壤监测分册）》，建立监测机构自律和外部质量监督相结合的管理方式，强化监测机构自我控制和自我监督作用；依靠现场检查—网络监控—信息审核的联合监督机制，形成多渠道、多措施、多手段、多方式的多元化监管模式。

在《农用地土壤污染状况详查质量保证和质量控制工作方案》中，明确国家级、省级质控实验室的职责和任务，由省级质控实验室负责对本省（市、区）详查任务承担单位进行监督检查。质量监督管理工作的主要内容：密码平行样品和统一监控样品工作计划、质控数据核查、采样制样流转保存工作质量监督检查、监督检查任务承担单位质量管理工作。

（四）土壤环境监测质量管理评价体系分析

国家网土壤环境监测任务根据质量监督结果，对监测任务完成情况进行质量评价。根据体系运行有效率、数据有效率、技术审核通过率、质控结果合格率等情况，一方面，对监测机构的监测任务的完成情况和数据质量进行评价，另一方面，评价整个国家网监测任务完成情况和完成质量。

《农用地土壤污染状况详查质量保证和质量控制工作方案》中要求各省、自治区、直辖市详查工作管理机构每年应对本行政区域各详查任务承担单位工作质量进行综合考核评估，对本行政区域详查质量管理工作进行总结，并在详查工作全部结束时，对本行政区域详查质量管理工作进行全面总结。

第三节　污染场地土壤环境修复管理

美国环境部门定义"污染场地"为：被危险物质污染需要治理或修复的场地，包括被污染的物体（如建筑物、机械设备）和土地（如土壤、沉积物和植物）。

英国环境局认为"污染场地"为：当地政府认定由于有害物质污染而引起严重危害或有引起危害可能性的土地，以及已经引起或可能引起水体污染状况的土地。

本书"污染场地"是指：因人类活动使土壤或包气带所含有害物质的浓度超过环境背景值或标准规定浓度，并对人体健康或自然环境可能造成危害的场地。

一、我国污染场地土壤环境管理的重点任务及工程

（一）构建并完善我国土壤环境标准体系

1. 完善我国土壤环境质量标准体系

为了进一步完善我国土壤环境质量标准，需要结合土壤类型和土地利用功能，根据目前我国土壤环境状况，针对现有的问题，增加土壤环境质量标准中污染物项目，针对不同土壤类型设定土壤环境质量标准值。

2. 构建我国土壤环境修复标准体系

为了更有效地规范治理修复污染场地的工作，需要制定符合我国实际情况的土壤环境修复标准体系。同时，结合我国场地污染现状和污染土壤修复技术发展水平，借鉴发达国家的土壤环境修复经验和教训，从污染物的选择、分析检测的方法、修复技术的类型、修复后土壤环境功能、对地下水的保护以及生态毒理学评价等方面予以综合分析和研究。

（二）制定污染场地土壤环境管理与修复管理法律法规

我国污染场地土壤环境管理必须确切指明责任主体、责任范围、责任转移原则、责任承担方式以及建立针对土壤环境的法律框架，以处理场地污染问题。为了能够更有效地促进社会积极参与污染场地土壤修复工作，国家需要确立污染场地土壤环境管理机构和制度。从现实情况来看，应当对包括污染场地控制的原则、识别、标准、申报、调查与监测、执行主体、污染防治技术、污染场地的处理处置、资金保证、责任追究等内容进行全面规定，加快制定《土壤污染防治法》等与污染场地土壤环境管理相关的法律法规。

1. 建立土壤污染调查监测和信息公开制度

一方面，为了能够更好地开展有效的土壤污染预防和促进治理工作，我们将开展全国性的土壤污染状况调查，并综合整理调查结果，制定《污染场地环境调查技术规范》和《污染场地环境监测技术规范》。

同时，我们还将建立一个严格的土壤污染调查和监测制度。为了尽快控制污染事故，我们需要及时修复污染土壤。全国污染场地需要实行在线监测，以保证及时、精准地探测土壤污染事故。从现实角度来看，调查和监测土壤污染是预防土壤污染必不可少的步骤。

另一方面，为了提高公众对土壤污染防治的重要性的认识，以及能够及时让公众了解土壤污染的严重程度，建议制定土壤污染信息公开制度，及时向公众公开土壤污染状况的情况。

2. 建立土壤污染源控制和土壤修复制度

为有效地预防和治理土壤污染，相关部门应当强化对工业废水、废气和废渣的处理，并加强监督管理化肥、农药等农业生产过程中的使用。同时，国家还需建立土壤污染源控制制度，以可行有效的方式来控制污染源。

此外，对于已经遭受土壤污染的地区，我们应遵循"污染者责任原则"对受污染的土壤进行修复，建立土壤修复机制，将其恢复为可用状态。

我们应该积极地宣传和促进农业清洁生产理念，并引进先进的生产技术，以减少农药和化肥的使用，同时控制工业废物和城市垃圾的排放。为了减少对土壤的污染，我们应在农村和城市的生产中采用清洁生产技术，以确保生产过程中对土壤的污染达到最低程度。

3. 建立土壤污染治理基金法律制度

为了能够确保治理计划可以顺利地执行，企业和政府在治理方面的投资比例应当公平分配，国家应建立法律制度来管理土壤污染治理资金。不仅如此，国家还可以通过社会税收方面的优惠政策来吸引更多资金，以确保土壤治理工作能够顺利实施。保障土壤恢复所需的经济资金是土壤污染治理的资金来源。

（三）构建我国污染场地土壤风险评估技术体系

为了更进一步地确保对场地污染的监测、控制和修复工作能够有效开展，同时，也为评估污染场地的风险水平、评判土壤污染危害程度提供科学依据，国家必须建立中国特色的污染场地土壤风险评估标准体系、制定土壤风险基准值，并且制定适用于我国实际情况的污染场地土壤风险评估指导原则、方法以及模型。具体而言，主要包括《污染场地风险管理框架》《污染场地健康风险评估方法》《石油烃污染场地土壤风险评估技术导则》《铜矿采掘污染场地土壤风险评估技术导则》《铅锌矿采掘污染场地土壤风险评估技术导则》《污染场地风险评估技术导则》等。

（四）加大我国污染场地土壤修复技术体系研究力度

为了给我国污染场地土壤环境的管理和修复提供相应的技术支持和设备支撑，以及更好地支持污染场地修复产业，将科研成果转化为实际生产力，我们应当致力于研发和推广一批新型污染场地土壤风险评估和修复技术，建立符合我国国情的污染场地修复管理和技术体系，并推进污染场地修复理论和技术的研究。同时，政府应加强相关学科的协作合作和国际合作，并且大力加强污染场地修复技术的开发以及应用研究。

1. 重金属污染场地土壤修复技术体系

为了能够更好地支持修复重金属污染场地的工作，我们需要建立一套重金属污染修复技术体系。这一技术体系应当重点关注我国严重受到汞、铅、镉、铬、砷等重金属污染的区域和行业。因此，我们需要研究相关技术，例如重金属污染预警和预报技术、重金属在线监测技术、重点防控区域的划分和风险分级技术以及相关的健康损害标准补偿指标体系。同时，我们也需要开展重金属污染健康影响与风险评估技术的研究，并对重点地区和典型行业的重金属污染源进行相对应的解析和分析等。

2. 有机物污染场地土壤修复技术体系

为了能够让有机物污染场地修复问题得到切实解决，我们需要着重研究我国目前存在的有机物污染问题，开发针对有机污染物的风险识别和监测管理技术，以及有机污染物在场地中迁移转化和修复的技术。同时，我们也需要探索快速识别和监测场地有机污染物的新方法，从而构建一个全方位的、完整的有机物污染场地的修复技术体系。

3. 污染场地土壤修复技术政策、导则和规范

为了能够对污染场地土壤修复技术进行更好地指导和规范，我们需要通过制定相关政策、技术导则、最佳可行技术指南和工程技术规范，以便指导对不同类型、污染物种类和污染程度的污染场地进行修复。我们需要对现有的污染场地土壤修复技术进行分类研究和评估，以便为其提供更加精准的指导。具体而言，主

要包括《污染场地土壤环境修复技术评估指标体系和方法》《国家鼓励发展的环境保护技术目录（污染场地土壤污染防治技术领域）》《国家先进污染防治示范技术名录（污染场地土壤污染防治技术领域）》《铬渣堆存场地土壤环境修复最佳可行技术指南》《石油烃污染场地土壤修复技术导则》《铜矿采掘污染场地土壤修复技术导则》《污染场地土壤修复技术导则》等。

（五）建立污染场地信息管理系统和应急管理制度

1. 建立污染场地信息管理系统

为了使土壤环境管理程序更加规范，同时使管理过程的每个环节合理稳定，我们应当根据相关法律法规的规定和要求，科学地设置土壤环境管理流程中的每个步骤和环节所需的各个要素。通过信息系统实施污染场地信息系统工程，最终实现污染场地土壤环境管理自动化、信息化与规范化。

在实践的过程中，我们需要及时披露受污染场地的信息，以及可能采取的修复方法和修复进展情况。我们将为责任方提供监测和修复场地的指南和标准，并指明可能导致场地污染的化学物质或污染源。

在我国污染场地的区域分布、时空分布、污染面积、污染类型和污染程度等的统计数据方面，我们应当予以建立共享平台和污染场地数据库，包括重金属污染场地和有毒有害有机物污染场地的数据信息。此外，我们应当强化土壤资源数量和质量的动态普查，以对当前土壤质量的实际状况能够有更好的把握。

2. 建立污染场地应急管理制度

为了能够有效地减少土壤污染和相应的损害，我们需要建立应急机构并采取有效的预防措施，其中包括制定《突发事故场地污染应急预案》和《国家重金属和石油等有毒有害物质污染应急计划》等应急预案。同时，为了加强政府对公共安全的保障并增强其应对突发土壤污染事件的能力，我们需要设立一个持久的机制，旨在预防污染场地风险事故并应对突发状况。

不仅如此，我们还需要建设基础数据库、监测监控系统、预警系统以及应急处理预案系统，进而更好地完善污染场地应急管理体系。同时，我们需要建立跨部门、跨区域的协调合作机制，并制定污染场地应急管理制度，从而实现污染场地土壤环境管理的信息化建设，并切实提升管理水平。

（六）构建我国污染场地土壤环境管理与修复管理体系

1. 筹建多元化污染场地土壤环境治理修复资金融集机制

在实际的操作过程中，我们需要设立财政补助制度，以保证每年地方省、市两级按照比例投入一定资金，用于污染场地的治理和修复工作。我们需要成立土地整治或土地开发储备单位，并制定受益人费用分担机制，以奖励那些积极承担治理修复费用的土地整治单位和开发商，将治理修复费用计入土地整治或开发建设成本，同时也提供相对应的收费优惠。

为了减轻企业负担，政府可以推行污染场地治理修复长期按揭贷款方案，向有治理修复需求的工业企业提供政策性的金融服务，同时设立"国家污染场地治理基金"。为了稳定持续地资助污染场地治理工作，我们应当遵循"谁污染谁治理"和"谁受益谁投资"的原则，建立多元化治理修复资金融集机制——以工业企业污染者和土地治理修复受益者为主，以国家适当补助为辅。

2. 完善我国污染场地土壤环境保护管理体系

各级国土、规划以及建设等有关机构应当与环保部门保持紧密联系，合作建立联合监管机制，以协调解决多头管理或管理职责不明的情况。

为了加强国家污染场地土壤环境保护管理，提高环境管理能力，积极争取财政支持，我们应以自动化、信息化为方向，建设先进的污染场地土壤环境监测预警体系和完备的环境执法监督体系，并且其应以监测评估、及时预警、快速反应、科学管理为目标，以建设先进的污染场地土壤环境监测预警体系和完备的环境执法监督体系为重点。

为了能够完善应对突发性场地污染事故的应急系统，我们应当提高环保执法能力，建立国家、省、市三级土壤环境质量监测网络，并不断加强环境监管能力建设。环保部门应提升管理人员的专业水平和整体素质，加强对修复过程的监管和修复效果的验收，建立完善的污染场地环境监管长效机制。同时，我们应当充分利用管理基础，加强对污染场地专业知识的业务指导和技术培训，对于先进技术以及经验措施等进行及时的推广。

（七）大力推进典型污染场地治理修复工程

应当优先选择一些具有典型污染特征，并能够为其他地区提供榜样和带动作用的污染场地，将其列为治理工程的重点。启动并全面实施"铅锌矿采掘污染场地治理工程""铜矿采掘污染场地治理工程""石油烃污染场地治理工程""矿山开采污染场地治理修复工程"等。着眼于关键区域、关键领域、关键行业以及关键污染物，力求取得突破性进展。以我国的现实情况为基础，重点处理污染最为严重的场地，包括重金属污染场地中的汞、铅、镉、铬和砷，有机物污染场地中的石油、有机氯和持久性有机污染物，还有矿山开采污染的典型场地，全面推进工作，特别关注关键领域，以期达到重要突破。

与此同时，制定《国家污染场地土壤修复计划》和《国家优先修复污染场地名录》，积极推进污染场地治理和修复工程，在开展全国土壤污染现状普查的基础上，与区域场地土壤类型、污染物种类和污染强度等因素进行紧密结合，对污染场地相关修复技术予以积极利用。

二、我国污染场地土壤环境管理与修复管理支撑体系

我国应逐步健全国家污染场地土壤环境管理与修复体系，从法律法规、技术研发、人才培养、公众参与、经济责任等方面入手，全面提升我国污染场地土壤环境管理与修复能力，以保护土壤资源，维护生态环境，促进绿色发展。

（一）探索建立各项污染场地相关管理制度

我国正逐步构建一套完善的污染场地土壤环境调查与风险评估制度，以及污染场地土壤治理与修复制度。在此体系中，土壤污染评估被视为关键技术手段，以确保城市土壤环境安全的管理。未来，在污染地块的置换和使用过程中，我们将进行污染评价作为首要任务。在污染地块的土地置换、买卖、使用、转让等环节，充分公开土壤污染状况，保证开发商、土地所有者、当地社区和居民对土地污染状况具备全面知情权。针对污染企业搬迁后的厂址及其他可能受污染的土地，环保部门将敦促相关责任单位或个人开展污染土壤风险评估。这一过程将明确修复和治理的责任主体及技术要求，从而监督污染场地土壤的治理和修复，降低土地再利用，尤其是转为居住用地时，对人体健康的影响风险。这一系列的举措，旨在构建一个公平、透明、有序的污染场地土壤管理体系，既保护了环境，又保障了公众的健康，为我国的可持续发展奠定了坚实的基础。

　　探索建立污染场地长期检测制度。制度的落实具体还是要根据特定情况特定处理，即依据场地的限定条件，并由工作人员定期进行，包括但不限于对土壤、地下水、空气等环境要素的采样和分析。监测结果应及时报告，以便对污染治理效果进行评估。如果监测结果超过修复目标，应及时报告超标数额，并重新评估修复行动计划，还要考虑是否需要进一步的修复工作。

　　探索推行污染场地档案管理制度。污染场地档案管理制度是为了确保污染场地信息的完整性和准确性，由县级环境保护行政主管部门负责对污染场地责任人报送的土壤调查评估和治理修复等相关技术文件进行备案。这些档案应包括污染场地的基本信息、污染源、污染程度、治理措施等，以便于对污染场地进行全过程的监管。

　　建议出台相关污染场地土壤管理政策和法规，涵盖污染场地的预防、治理、监测、修复和监管等多个方面，以确保污染场地得到有效管理。未来管理过程中，应实施目标考核制度，实现目标管理，包括明确具体工作目标和各阶段指标及相应的目标考核方法、提升管理工作效率、实现科学管理和规范化管理。

　　建立完善的土壤污染源控制和清洁生产制度。在工业生产环节，我们要大力推广清洁生产技术，降低生产过程中对土壤的污染。这就需要我们引入先进的生产工艺和设备，对工业废水、废气和固体废物进行有效处理，确保排放物达到国家标准，不对环境造成污染。我们要增强农民的清洁生产意识，普及农业清洁生产技术。通过政策宣传、技术培训、示范推广等多种途径，使农民认识到过量使用农药和化肥对土壤、水源和农产品的危害。在此基础上，引导农民采用先进的农业生产技术，合理施肥、科学用药，减少农药和化肥的使用量，降低农业面源污染。

　　建立土壤污染应急法律制度。这一制度的建立旨在提高我国政府对公共安全的保障能力，以及应对和处置突发土壤污染事件的能力。应由专门的应急机构，负责协调和指挥突发土壤污染事件的应对工作，以确保各级政府、相关部门和企业能够迅速响应，共同应对污染事件。我们需要制定一系列有效的防范措施，以防止突发土壤污染事件的发生。这些措施包括：加强对土壤污染的监测和预警、制定严格的土壤保护法规、加大环境执法力度等，确保污染物排放得到有效控制。此外，我们还需要制定应急预案和应急计划，以便在突发土壤污染事件发生时，能够迅速启动应急响应，最大程度地减少污染对环境和人民健康的影响。这些应急预案和应急计划应当涵盖各种可能的污染情景，以便有针对性地开展应急工作。

（二）逐步健全污染场地土壤环境相关法律法规

构建和完善污染场地土壤管理的法律与法规，是推动我国污染土壤治理与恢复工作的基础。一方面，地方政府与环保部门应制定相应的管理条例，对污染场地的控制原则、识别、标准、申报、调查与监测、污染防治技术、资金保障、责任追究等方面进行全面规定。这将有助于构建完善的污染场地土壤环境管理体制和机制，引导各方积极参与污染场地土壤修复工作。另一方面，明确污染场地的责任主体至关重要。针对历史遗留且一时责任主体不明确的污染场地，经风险评估确需修复的，为尽快降低风险，应由政府先行垫付修复费用进行修复。随后，政府再明确责任主体并责令其承担相应修复费用。对于责任主体无法明确的场地修复，应由政府承担。尤为重要的一点是，在城市土地"招拍挂"之前，必须要求有资质的单位提供场地检测数据。这一措施将有助于推动污染场地治理修复的规范化，保障社会经济发展和民众身体健康，维护区域环境生态安全。

做好《中华人民共和国土壤污染防治法》立法的推进工作，重视开展我国土壤防治工作，法律应当涵盖土壤污染的定义、调查技术与方法、污染物测定方法、环境质量标准、污染评价方法、风险评估等方面的内容，以便我们从源头上预防和控制土壤污染。

（三）加速完善我国的土壤环境标准体系

在我国，土壤环境质量标准的研究和制定正逐步推进。为了确保这一进程的顺利进行，我们需要不断完善土壤环境基础标准，并统一对基本术语和概念的认识。在此基础上，我们才能有效且顺利地开展相关工作。土壤环境标准体系应涵盖一系列基础性标准（如术语、土壤环境基准等），以及土壤环境质量标准体系等组成部分（土壤环境质量标准、土壤环境质量评价标准和土壤环境质量修复标准）。

我国在修改、补充现有土壤环境质量标准的同时，结合我国实际情况，建立一套基于风险评估的健全的土壤环境质量标准体系。这套体系将更好地保障土壤环境安全，促进我国土壤资源的可持续利用。在修订土壤环境质量标准时，我们应全面依托全国土壤污染调查的结果。按照全国调查技术规定中必测和选测的约 100 项污染物（包括重金属与其他无机物、挥发性有机污染物、半挥发性有机污染物、持久性有机污染物、化学农药等）进行标准制定。这将有助于更准确地评估和管理我国土壤污染风险，保障农业、生态环境和人民健康。

（四）进一步研发适合我国国情的土壤修复技术

在当前我国污染场地修复领域，建议加大最佳可行性技术的研究力度，加强相关学科的协作，做好管理体系和技术体系的构建。通过政府引导、政策支持和资金投入，我们可以鼓励科研机构、高校和企业投入新型技术的研发，以满足污染场地修复的实际需求。这包括但不限于生物修复技术、物理修复技术、化学修复技术等。我们可以整合各方资源，对已有的污染场地修复技术进行梳理和评估，推荐一批实用性强、效果显著的技术，为修复工程提供指导。我们可以通过组织研讨会、论坛、实地考察等形式，促进相关学科的交叉融合，加深对污染场地修复理论与技术的深入研究。与国际组织、发达国家开展技术合作。结合我国污染场地修复的实际情况，研究和制定一系列管理措施和技术规范，为修复工程提供政策支持和技术保障。

我们也需要对我国污染场地的类型、特征和重点区域进行深入研究。全面统计分析我国污染场地信息。通过对各地区污染场地进行详细调查，了解其类型、特征和分布情况，为后续污染场地的管理、修复和治理提供基础数据。尽早建立《国家污染场地数据库》及《国家优先控制污染场地名录》，这将有助于我们对污染场地进行统一管理，便于政府、企业和科研机构之间的信息共享和合作。同时，我们需要对数据库进行定期及时更新，确保数据的准确性和动态性。对我国污染场地的区域分布、时空分布、污染面积、污染类型和污染程度等方面的统计数据进行深入分析。这将有助于我们准确地了解污染场地的现状，为政策制定提供科学依据。

重金属污染和有机物污染是两大突出问题。为了解决这些问题，我们需要建立和完善相应的污染场地修复技术体系。做好重金属污染源解析技术与污染过程分析，研究重点地区或典型行业的重金属污染源，深入了解其污染途径和程度，为制定针对性的治理措施提供依据。研究重金属污染健康影响与风险评估技术，通过对重金属污染的健康影响进行深入研究，为风险评估提供技术支持，以便及时发现和预防重金属污染对人体健康的危害。重点防控区域划分及风险分级技术研究。根据重金属污染程度和风险评估结果，合理划分重点防控区域，并为风险分级提供技术支持。除此之外，也要建立完善的健康损害标准补偿指标体系，为重金属污染场地的修复提供科学依据。研究开发重金属在线监测设备，实现对污染源的实时监控，确保治理效果。基于大数据和人工智能技术，对重点区域和重点行业的重金属污染进行预警和预报，为及时采取防治措施提供参考。

（五）积极推进典型污染场地治理修复工作

根据我国土壤污染状况调查的结果，我们组织相关部门和科研单位，共同开展污染土壤修复实用技术的筛选工作。这个过程需要加强污染土壤修复技术的集成，以便为后续的污染土壤修复提供有力支持。在此基础上，我们选择具有代表性的污灌区农田和污染场地，开展污染土壤治理与修复的试点项目。为了在更大范围内修复土壤污染，我们重点支持一批国家级的重点治理与修复示范工程。这些示范工程有益于积累宝贵的经验，为今后类似的工程项目提供借鉴。在治理修复过程中，我们要重点关注典型重金属污染（如汞、铅、镉、铬、砷）场地、典型有机物污染（如石油、有机氯、持久性有机污染物）场地以及典型矿山开采污染场地。我们的目标是全面推进污染治理修复工作，实现重点突破。

在全国范围内，我们筛选出具有典型污染特征并能起到示范带动作用的若干污染场地，将其作为重点治理工程。"铅污染场地治理修复工程""汞、钒和钼矿采掘污染场地治理修复工程""石油污染场地治理修复工程""矿山开采污染场地治理修复工程"等重点项目全面推进。为了提升重点工程的示范效应，我们致力于使污染场地土壤环境管理目标更加突出，从而促进污染场地土壤环境目标管理的深入开展。

（六）大力建设专业人才队伍

首先，我国应加大在污染土壤环境管理与修复研究方面的人力物力投入。政府部门应高度重视污染场地土壤管理与修复工作，提高相关领域的科研经费，为科研人员提供充足的物质支持。同时，鼓励企业、高校和研究机构积极参与，形成产学研相结合的创新体系，共同推动污染场地土壤管理与修复技术的研究与发展。其次，要加强专门机构设施的建设。建立健全污染场地土壤管理与修复的专业机构，配备先进的科研设备和实验设施，为科研人员提供良好的工作环境。最后，还要增强公民的土壤保护意识。通过多种渠道和形式，加大对土壤环境保护的宣传力度，让公众了解土壤污染的危害、成因和防治措施，提高公民的环保意识和参与度。

1. 加强专门机构设施的建设

我国应当建立一个统一的污染场地治理修复组织实施机构。治理污染场地涉及众多专业技术，如环境评估、土壤改良、地下水治理等。因此，该机构应配备具有相关专业技术背景和经验的人员，以确保项目的顺利实施。统一组织实施机构建立健全相关制度，确保项目在实施过程中能够持续稳定地进行，避免出现修复项目结束即行解散的情况。

2. 多种途径培养专业人才

通过实施在岗管理及技术人员技能提升培训，增进其专业素养，塑造一批高素质、高技能的专业人才。利用地方技术资源攻克专业难题，派遣技术骨干赴地方深造，拓展人才引进渠道。依托各大院校的环境科学或环境工程专业的学生，培养土壤管理与修复技术人才。

推进专业人才与国际交流的融合，如选拔高端专业人才进行海外学习，借鉴国外成功经验，勇于吸收国际先进科技成果；同时，考虑从海外引进高素质、高技能的专业人才，以促进我国专业人才队伍素质的提升，从而不断提升我国土壤污染防治科技实力。

（七）明确污染场地治理经济责任，落实治理基金

土壤污染经济责任的确认是筹集治理资金的基础，充足的治理资金则是开展污染土壤治理与恢复工作的基本保障。我国亟待构建土地使用档案，重点包括污染场地档案，明确污染场地的责任主体。

明确土壤污染经济责任的认定，是我国环保法规的重要组成部分。这一认定是基于污染者责任原则，即任何将污染物排放到土壤表面和地下的个人和单位，都应当承担修复土地的责任，并支付相关费用。这一原则旨在保护我国土壤资源和生态环境，打击污染行为，促进绿色发展。首先，对于造成污染的单位，不论其因改制、合并、分立等行为发生何种变更，其修复和治理责任都应依法由

变更后承继其债权、债务的单位承担，保证污染责任的不间断，防止污染单位通过改制或合并等方式逃避责任；其次，对于造成污染的单位已经终止，或者由于历史等原因确实无法确定造成污染的单位或个人的情况，被污染的土壤或地下水，应由有关人民政府依法负责修复和治理，保障公众的环境权益，防止污染问题长期得不到解决；最后，如果污染单位享有的土地使用权依法转让，那么修复和治理的责任应由土地使用权受让人承担，有助于确保污染问题得到及时有效地解决。

建立"国家污染场地治理基金"不仅是规范和管理土壤污染治理和恢复所需要资金及其使用的重要措施，同时也是今后土壤污染治理基金管理的主要发展趋势。这一重要的举措，旨在筹建多元化污染场地土壤环境治理修复资金融集机制。这一机制将遵循"谁污染谁治理"和"谁受益谁投资"的原则，形成以工业企业污染者和土地治理修复受益者为主，国家适当补助为辅的多元化治理修复资金融集机制。在这个机制下，我们将确保多渠道、长期、稳定的污染场地治理资金投入。为了减轻企业的负担，国家污染场地治理基金可以向需要申请治理修复资金的工业企业提供政策性优惠的金融服务，实施污染场地治理修复长期按揭贷款。这将有助于搬迁企业顺利度过搬迁生产恢复过渡期。对于积极承担治理修复费用的土地整治单位和开发商，我们将给予适当的政策收费优惠。此外，我们还将建立财政补助机制，确保地方省、市两级财政按比例每年投入一定资金用于污染场地治理修复。各级环保部门将按照政府政策规定，将搬迁企业交纳的排污费返还一定比例，用于污染场地的治理修复。

中央政府在土壤污染防治工作中也要起到统筹规划和引导作用。中央财政要合理安排专项资金，确保资金逐年增加，并适当向中西部地区倾斜。中央政府也应加强对地方土壤污染防治工作的监督和指导，确保地方各级政府按照防治规划开展工作。还需根据地方实际情况，适时对地方土壤污染防治给予资金补助，以激励地方加大投入力度。地方各级政府应充分认识到土壤污染防治工作的重要性，切实加大污染防治投入。首先，地方要在本级预算中安排一定比例的资金用于土壤污染防治，以保障防治工作的顺利进行；其次，地方政府还需根据实际情况，逐年提高土壤污染防治投入，确保资金的持续增长。此外，地方政府还需合理安排和使用中央下拨的排污费等专项资金，以满足地方土壤污染防治的需求。

（八）建立污染场地信息管理系统，完善突发事件应急处理机制

1.建立污染场地信息管理系统

场地的污染不仅影响生态环境，还对人类健康构成严重威胁。因此，尽快开展全国范围内的污染场地状况全面调查显得尤为重要。我们需要深入了解全国污染场地的类型和分布。这包括重工业污染场地、农业污染场地、生活污染场地等，以及污染场地在各地的重点区域分布。这将有助于我们制定针对性的治理措施，提高治理效率。调查土壤特征是污染场地治理的关键。不同类型的污染场地具有不同的土壤特征，如有机物污染、重金属污染等。了解土壤特征有助于我们选择更合适的治理技术和方法，从而提高治理效果。此外，全面调查污染场地危害程度也是不可或缺的一环。危害程度评估能够为政府决策提供科学依据，确定治理优先级，合理分配治理资源。

为了更好地管理和治理污染场地，提高环境保护水平，建议实施污染场地信息系统工程。该工程的主要目标是建立一系列不同类型污染场地的数据信息共享平台，以实现对我国污染场地状况的全面、准确和动态掌握。建立《有毒有害有机物污染场地数据信息共享平台》《重金属污染场地数据信息共享平台》，初步实现污染场地土壤环境管理的规范化、信息化，详细记录和分析重金属污染场地的区域分布、时空分布、污染面积、污染类型和污染程度等方面的数据，为政府决策提供科学依据。

2.建立污染场地应急管理制度

我们要建立健全污染场地应急管理制度。我们要在全国范围内建立统一的应急指挥系统以及常设性的应急管理机构。在全国整体战略层面上，建立健全具有决策功能、常设性的应急管理综合协调机构和地方应急中心，确保各级部门在应急管理工作中的协调和配合。同时，完善部门联动机制，提高各部门之间的协作效率。

在地方各级政府层面上，我们要根据各地不同的发展状况，实事求是地设置相关部门，明确具体的组织形式及职能。这样既能保证应急管理工作的高效开展，又能充分考虑到各地的实际需求。此外，我们还要加强应急培训和人才培养。建设国家应急事件案例库和应急培训中心，培育应急管理专家，建立应对不同类型

事故的专家信息库。这将有助于提高决策者与专家之间的沟通和互动效率，为危机管理提供有力支持。

　　我国应当完善和健全应急法规体系。预警机制是应急响应的第一步，通过科学的方法和技术手段，对可能发生的环境污染事故进行预测，为后续应急措施提供时间窗口。报告制度则要求各级政府和相关部门在应对突发环境事件时，能迅速上报并及时公布信息，确保信息畅通。组织制度要明确各级政府和相关部门的职责，确保各级协调、高效地开展应急工作。程序规范则对应急响应的各个环节进行明确，包括应急启动、应急指挥、应急终止等。

　　通过建立应急信息管理国际合作平台，加强国内外应急资源的整合和交流。同时，鼓励民众和社会团体参与应急管理，构建广泛的社会参与机制和评价激励机制。

第四章　大气环境管理

大气环境管理是一项重要的环境保护工作，旨在保护大气环境质量，减少大气污染，维护人类健康和生态平衡。本章为大气环境管理，依次介绍了大气污染现状、大气污染物的危害、大气污染综合防治三个方面的内容。

第一节　大气污染现状

大气污染的主要源头可归因于能源生产与交通运输。由于燃料结构的影响，大气污染的主要问题依然集中在煤炭燃烧产生的能量生产过程中。但是，从 2010 年起，随着机动车保有量的剧增，柴油车和汽油车等交通污染问题也越来越突出，各类生产生活过程的有毒有害污染物问题也越来越受到关注。

一、国外大气污染概况

在工业化进程中，现今的发达国家无一例外地都面临过大气污染问题。在 20 世纪 50 年代之前，由于煤作为主要能源的使用，大气污染主要以烟尘和 SO_2 为主的煤烟型污染为主。这种污染形态在当时的社会背景下，并未引起足够的重视。然而，随着石油在能源结构中所占比重的急剧增加以及机动车的快速发展，大气污染逐渐演变为石油型污染。在环境污染严重、经济发展到一定水平以及环境对经济发展的制约作用等多重因素的综合作用下，各国政府开始意识到大气污染控制的紧迫性和重要性。自 20 世纪 70 年代以来，各国政府大力投入人力、物力和财力，积极推进大气污染控制工作。在这一过程中，立法管理手段的完善和污染控制技术的进步发挥了至关重要的作用。通过这两方面的共同努力，污染控制工作取得了显著成效，环境质量得到了明显改善。值得注意的是，在工业化和经济增长的同时，各发达国家的大气污染物浓度却呈现出持续下降的趋势。这充分说明了，只要政府和社会各界高度重视并采取有效措施，大气污染问题是能够得到控制的。

第二次世界大战后的欧洲经济恢复期间，大量的污染物排放到大气中，形成了严重的污染。如德国的法兰克福在 1965 年，空气中的 SO_2 年均浓度高达 0.15mg/m³（标准状态）。自 20 世纪 70 年代采取产业结构调整、燃料替代、烟气脱硫、绿化等措施后，法兰克福空气中的 SO_2 的浓度逐渐下降，20 世纪 80 年代降到 0.075mg/m³（标准状态），20 世纪 90 年代降到 0.03mg/m³（标准状态），2013 年起维持在 0.01～0.0mg/m³（标准状态）。由于燃油和交通等因素，法兰克福大气中的 NO，年均浓度较 1965 年前后有所上升。

在美国，由于出现了洛杉矶光化学烟雾事件，部分城市如匹兹堡和圣路易斯的大气质量也很糟糕，所以联邦政府于 1956 年就推出了首部空气污染控制法，但城市大气污染的概念在 1968 年前对大多数的美国人来说还相当陌生。到了 1969 年，美国人的环境意识开始迅速提高，1970 年颁布的《洁净空气法》有力地推动了全美范围的空气污染控制活动。从 20 世纪 70 年代初开始，美国制定了一系列的法律控制大气污染，各州还根据自身的情况制定了地方性法规，如加州的机动车污染控制措施是全球最严格的，这些都对大气质量的改善作出了贡献。1990 年的《洁净空气法》修正案在考虑局地大气污染问题的基础上，开始增加有关酸雨、臭氧耗竭等区域性、全球性问题的内容。就污染源排放控制而言，与1970 年相比，2012 年美国在人口增长 53%、GDP 增长 2.19 倍及公路行驶总里程增加 1.69 倍的情况下，6 种主要污染物的排放量却下降了 72%。大多数美国城市的空气质量比较好，但一些地区由于地形和气象因素，空气质量仍不能满足美国的环境空气质量要求。

在第二次世界大战结束后，日本的工业和经济基础遭受重创。为了尽快恢复国家经济，日本政府采取了各种措施，保证了经济的快速增长。然而，在这一过程中，日本忽视了环境污染的问题，导致 20 世纪 60 年代和 70 年代初，一系列水污染和大气污染灾难接连发生。这些灾难性事件使得日本政府不得不在 20 世纪 70 年代中期正视环境污染问题，并开始采取行动进行治理。当时，东京的大气污染问题已经严重到学生在操场上晕倒，人行道上甚至安装了投币式吸氧机。

在这样的背景下，政府和社会各界开始共同努力，寻求解决之道。

为了解决大气污染问题，日本政府采取了一系列政策措施。首先，严格执行改燃煤为燃低硫油的能源替代政策，降低煤烟污染；其次，在工业装置上广泛安装污染控制设备，减少废气排放。此外，日本还建成了高效电气化铁路和地铁网，降低交通污染。在这些措施的共同努力下，东京的大气质量得到了显著改善。然而，随着经济的发展和人口的增加，机动车辆尤其是柴油卡车的数量急剧上升，导致高浓度二氧化氮和臭氧问题成为大气质量的主要问题。

近年来，随着煤炭在一次能源中比例的回升，烟尘和 SO_2 的控制问题再次引起各国的关注。同时，酸沉积已成为地区性的污染问题，而伴随机动车产生的 NO_x、碳氢化合物（HC）和光化学臭氧污染仍然困扰着一些发达国家的城市。这使得各国政府和企业必须继续加强合作，积极探索更有效的污染治理技术和管理措施，以实现可持续发展目标。

2022 年 11 月，欧洲环境署（EEA）发布《2022 年欧洲空气质量状况》。报告表明，空气质量超出标准在整个欧盟都很普遍，污染物浓度远高于世界卫生组织的最新健康指南水平。2020 年，二氧化氮浓度暂时下降。在法国、意大利和西班牙的主要城市，二氧化氮年平均浓度降低了 25%，但空气污染仍然是欧洲人的主要健康问题。中东欧和意大利报告的苯并 [a] 芘浓度最高，这主要是由于燃烧固体燃料用于家庭取暖及其在工业中的使用。虽然报告显示臭氧水平低于往年，但中欧和一些地中海国家的臭氧水平仍然很高。在欧盟，96% 的城市人口接触的细颗粒物水平高于世界卫生组织制定的最新健康指南。2020 年，由于暴露在高于 2021 年世界卫生组织指南水平的细颗粒物浓度下，导致欧盟 27 国 238 000 人过早死亡。根据欧洲绿色协议的零污染行动计划，欧盟委员会设定了 2030 年的目标，即与 2005 年的水平相比，将由细颗粒物导致的过早死亡人数减少至少 55%。[①]

二、国内大气污染概况

2012 年以来，国家出台了一系列控制大气污染的政策与措施，如《打赢蓝

---

① 荆楚网.欧洲环境局发布《2022 年欧洲空气质量状况》报告 [EB/OL].（2022-11-23）[2023-10-10]. http://www.cnhubei.com/content/2022-11/23/content_15261750.html.

天保卫战三年行动计划》等，取得了显著成果。生态环境部网站每年的环境状况公报对大气状况予以公告，同时网上实时显示主要城市的空气质量情况。在 2018 年，我国生态环境部对空气质量的监测和管理作出了重大改革。原先的空气质量排名仅涵盖 74 个重点城市，如今，这个范围已经扩大到了 168 个地级及以上城市。这一改变不仅覆盖了全国各大重点区域，还包括了京津冀及周边地区、长三角地区、汾渭平原、成渝地区、长江中游、珠三角等重点区域，以及各省会城市和计划单列市。为了让公众更加直观地了解空气质量状况，生态环境部从 2018 年 7 月开始，每月都会发布一份名单，列出空气质量相对较好的 20 个城市和空气质量相对较差的 20 个城市。每半年还会发布一份名单，展示空气质量改善幅度相对较大和相对较小的 20 个城市。这一改革，旨在提高我国空气质量监测的全面性和公正性，也让公众有了更多的知情权。通过这种方式，人们可以清楚地看到哪个城市空气质量较好，哪个城市空气质量有待改善，从而推动各地政府和企业更加重视环境保护工作。此外，这份名单的发布也有助于形成一种竞争机制，激励各城市加大治理力度，争取在空气质量排名中取得更好的名次。这对于我国空气质量的持续改善具有重要意义。

2020 年 1—12 月，全国 337 个地级及以上城市平均优良天数比例为 87%，同比上升 5%；PM2.5 平均浓度为 33 $\mu g/m^3$，同比下降 8.3%；PM10 平均浓度为 56 $\mu g/m^3$，同比下降 11.1%；O_3 平均浓度为 138 $\mu g/m^3$，同比下降 6.8%；SO_2 平均浓度为 10 $\mu g/m^3$，同比下降 9.1%；NO_2 平均浓度为 24 $\mu g/m^3$，同比下降 11.1%；CO 平均为浓度 1.3mg/m^3，同比下降 7.1%。[①]

2020 年 12 月，京津冀及周边地区"2+26"城市平均优良天数比例为 54%，同比下降 1.4%；PM2.5 浓度为 76 $\mu g/m^3$，同比下降 6.2%。2020 年 1—12 月，平均优良天数比例为 63.5%，同比上升 10.4%；PM2.5 浓度为 51 $\mu g/m^3$，同比下降 10.5%。北京市 2020 年 12 月优良天数比例为 100.0%，同比上升 19.4%；PM2.5 浓度为 29 $\mu g/m^3$，同比下降 35.6%。2020 年 1—12 月，优良天数比例为 75.4%，

① 中华人民共和国生态环境部. 生态环境部通报 2020 年 12 月和 1—12 月全国地表水、环境空气质量状况 [EB/OL]. （2021-1-15）[2023-10-10]. https://www.mee.gov.cn/xxgk2018/xxgk/xxgk15/202101/t20210115_817499.html.

同比上升 9.6%；PM2.5 浓度为 38 μg/m³，同比下降 9.5%。[①]

长三角地区 41 个城市 2020 年 12 月平均优良天数比例为 66.7%，同比下降 6.1%；PM2.5 浓度为 64 μg/m³，同比上升 10.3%。2020 年 1—12 月，平均优良天数比例为 85.2%，同比上升 8.7%；PM2.5 浓度为 35 μg/m³，同比下降 14.6%。汾渭平原 11 个城市 2020 年 12 月平均优良天数比例为 56.0%，同比上升 2.0%；PM2.5 浓度为 72 μg/m³，同比下降 15.3%。2020 年 1—12 月，平均优良天数比例为 70.6%，同比上升 8.9%；PM2.5 浓度为 48 μg/m³，同比下降 12.7%。

第二节　大气污染物的危害

大气污染是影响人体健康的一个主要环境风险因素。机体与大气环境不断进行着气体交换来维持基本生命活动。因此，空气是否清洁和有无有毒成分对人体健康有很大影响。近年来，众多国内外流行病学及相关研究揭示了长期或短期大气污染与人群健康之间存在显著关联。据世界卫生组织 2016 年统计数据显示，全球范围内，城市、郊区和农村地区的空气污染预计导致全球 420 万人过早死亡，而且这些过早死亡中约 91% 发生在低收入和中等收入国家中。大气污染物按照其存在形态可分为颗粒态和气态污染物两种。本章主要介绍了颗粒态污染物的基本性质、其沉积和清除机制、对城市能见度的影响以及由此引起的对人群心理健康的影响，重点阐述了颗粒态污染物对人体的健康影响效应、毒理作用机制以及气态污染物的健康影响。

一、颗粒物的影响与危害

空气中的颗粒物质（airborne particulate matter，PM）分为降尘和总悬浮颗粒物（total suspended particles，TSP，空气动力学直径小于等于 100mm）。在 TSP 中，将空气动力学直径小于等于 10 μm 的称为可吸入颗粒物（inhalable particles，P，也称为 PM10）。PM10 又可分为粗颗粒物（coarse particles，PM10～2.5，空气

[①] 中华人民共和国生态环境部. 生态环境部通报 2020 年 12 月和 1—12 月全国地表水、环境空气质量状况 [EB/OL]. （2021-1-15）[2023-10-10]. https://www.mee.gov.cn/xxgk2018/xxgk/xxgk15/202101/t20210115_817499.html.

动力学直径为 10~2.5 μm）和细颗粒物（fine partieles，PM2.5，空气动力学直径小于等于 2.5 μm）。随着对大气颗粒物研究的深入，研究人员逐渐认识到与 TSP 和 PM10 相比，PM2.5 具有更大的比表面积和更强的吸附性，PM2.5 的较大比表面积和强吸附性使其在空气中更容易捕捉到有毒重金属、酸性氧化物、微生物等有害物质，进而对人体健康产生不良影响。例如，世界卫生组织就曾声明在心肺疾病死亡的队列研究中存在有力证据证明相较于其他粒径更大的颗粒物，PM2.5 对人体健康具有更严重的危害。在 PM2.5 中粒径小于等于 0.1 μm 的超细颗粒物（ultrafine particulate matter，PM0.1 或 UFP）在空气中的停留时间更长。由于其在数量浓度和比表面积上的优势性以及在肺部沉积率较高等特点，因此 PM0.1 更易吸附一些对人体健康有害的物质（比如氧化性气体、有机物、过渡金属等）。从这个角度出发，PM0.1 可能会成为未来流行病学及毒理学研究和防治的重点。

大气环境中颗粒物的来源可以分为两大类：自然源和人为源。自然源主要包括火山灰、森林火灾废气、海盐、植物花粉和菌类孢子等。这些颗粒物来源于自然界的各种现象和生物活动，对大气环境产生一定的影响。火山灰是火山爆发时产生的颗粒物，其中含有大量的硅酸盐、硫酸盐和碱金属等成分。这些颗粒物对大气环境和生态系统具有重要的影响，如遮挡阳光、降低气温、改变地表湿度等；森林火灾废气是指在森林火灾过程中产生的烟雾和灰尘。同时，森林火灾还会释放大量的二氧化碳和其他温室气体，加剧全球气候变暖；海盐是海洋水分子在风吹、太阳晒等自然作用下析出的颗粒物。海盐颗粒中含有多种离子，如钠、钾、钙和镁等。这些离子对大气环境和生态系统具有一定的影响，如影响大气降水、土壤酸碱度等。植物花粉和菌类孢子是植物和微生物繁殖过程中产生的颗粒物。花粉和孢子在大气中的传播对人类和生态系统具有一定的影响，如诱发过敏性疾病、影响大气能见度等。与自然源相比，人为源的颗粒物主要包括煤炭、石油、天然气等燃料燃烧产生的废气，工业生产排放的颗粒物，交通工具排放的尾气以及垃圾焚烧和大气化学反应产生的二次污染等。这些颗粒物的形态和成分各异，对大气环境和人类健康造成严重影响。燃煤排放的颗粒物多是灰褐色，形似球形且较平滑；燃油排放的颗粒多呈黑色，凹凸不平；冶金工业排放的颗粒呈红褐色，形状不规则且具金属光泽；建筑工业排放的水泥尘多呈灰色，根据大气环境公报分析，颗粒物一直是影响我国城市空气质量的首要污染物。颗粒物的污染已成为我国城市环境空气的首要污染，其造成的公共健康风险应引起我国政府及公众的高度重视。

影响大气颗粒物健康危害的因素有很多，其中主要有颗粒物的质量（或数量）浓度、粒径大小及化学组成。颗粒物浓度越大，暴露时间越长，则对机体的危害程度越大。一般来说，颗粒物的粒径越小，其在大气中的稳定程度就越高。这是因为小粒径的颗粒物更容易受到空气分子的撞击，从而使其在空气中的停留时间变长，稳定性增强。小粒径颗粒物被人体吸入呼吸道的概率也越大。这是因为人体呼吸道的结构特点，直径较小的颗粒物容易进入细支气管和肺泡，从而进入人体内部。粒径越小的颗粒物，进入呼吸系统的部位就越深，这使得它们更容易对人体呼吸系统造成损害。此外，粒径的大小还决定了颗粒物在呼吸系统中的沉积部位和沉积量。粒径较小的颗粒物容易进入肺泡，从而在肺部沉积。而肺泡是气体交换的主要场所，颗粒物的沉积会干扰肺泡的正常功能，导致气体交换受限，引发一系列呼吸系统疾病。粒径为 $5\sim10\,\mu m$ 的颗粒物多被阻滞在上呼吸道，粒径小于 $5\,\mu m$ 的颗粒物多进入细支气管和肺泡，粒径小于 $2.5\,\mu m$ 的颗粒物几乎全部进入肺泡，粒径小于 $1\,\mu m$ 的颗粒物在肺泡的沉积率最高，对人体的危害也最大。而其中的超细颗粒物甚至能穿透肺泡进入人体血液循环系统中从而导致心脑血管疾病的发生。

颗粒物的化学组成较为复杂，多达数百种，主要分为无机组分和有机组分两大类。颗粒物中的有害成分在机体内都有累积性，其中对人体健康危害较大的是有机组分，包括碳氢化合物、羟基化合物、有机卤化物等。有机物中的多环芳烃（PAH）以及多种硝基多环芳烃（由大气中 PAH 与氮氧化物反应生成，也可在燃料燃烧中产生），多富集在粒径较小的颗粒物上，这些化合物均有致突变、致癌性，从而增加了颗粒物的毒作用。其次，无机组分包括硫酸盐、硝酸盐、含碳颗粒、重金属（如铅、铬、镍、镉、铁、铜）等。例如，铅在人体内积累到一定程度就会影响人体的生理机能和造血机能。

颗粒物作为一种来源复杂的固体或液体混合物，来源不同，其对健康影响也不同。美国的一项研究表明，交通来源的 PM2.5 对死亡率的影响大于燃煤来源的 PM2.5，而来自土壤、岩石等的 PM2.5 与人群死亡率的变化无关。此外，颗粒物的健康影响程度还与人群的暴露时间、个体素质等因素有关。对于老年人、儿童以及心肺疾病患者等易感人群来说，无论是短期暴露于高浓度颗粒物还是长期暴露于低浓度颗粒物中，颗粒物都更易在这些人群体内聚集，对人体健康产生更大危害。例如，李芳等（2009）总结了大气颗粒物对儿童生长发育等的影响及其机制，由于儿童特有的生理机能和生活习性，导致儿童更易受到颗粒物的损害，比如呼吸系统症状增加、免疫力下降、生长发育受阻等。最后，颗粒物的健康影响还与气温、气湿等气象因素有关。

（一）颗粒物对身体健康的危害

近 20 年，研究人员对颗粒物对人体健康的影响做了大量的流行病学调查和毒理学实验，颗粒物与人体健康的关系越来越受到多方的关注。下面我们就从颗粒物影响不同机体系统功能的角度做详尽阐述：

1. 对呼吸系统的危害

呼吸系统是大气污染物直接作用的靶器官。呼吸系统由呼吸道和肺两部分组成，其中呼吸道分为上呼吸道（鼻、咽、喉）和下呼吸道（气管主支气管）。许多流行病学研究表明，随着大气颗粒物浓度水平的上升，城市中人群肺炎、气喘、肺功能明显下降等急性呼吸系统疾病的发病率和死亡率将增加，而鼻炎、慢性咽炎、慢性支气管炎等慢性呼吸系统疾病的发生或者症状加重也与颗粒物有关。

复旦大学公共卫生学院阚海东团队通过对近 30 年里 24 个国家和地区 652 个城市的资料进行分析发现，短期空气污染暴露与全因死亡、心血管死亡和呼吸系统死亡风险增加相关。这项研究由来自全球 22 个国家或地区的学者参与，文章发表在《新英格兰医学杂志》。研究显示，PM10 浓度两日移动平均值增加 $10g/m^3$，则呼吸系统死亡率增加 0.47%。同样，PM2.5 浓度两日移动平均值每增加 $10g/m^3$，则呼吸系统死亡率增加 0.74%。[①]

呼吸系统中的颗粒物因其本身的腐蚀性刺激及所附着的化学有害成分（如重金属、多环芳烃等）的毒性作用，会导致肺组织发生炎症反应。肺部的炎症反应是机体清除颗粒物的一种正常的防御机制。它通过活化免疫细胞、增强细胞功能

---

① 中国疾病预防控制中心.新英格兰医学杂志刊登复旦大学阚海东团队领衔全球 652 城市研究：短期空气污染暴露或增加死亡风险 [EB/OL].（2019−8−29）[2023−10−10]. https://www.chinacdc.cn/gwxx/201908/t20190829_205088.html.

以及各种细胞因子的互相调节，使肺组织调动各种各样的手段清除颗粒物，同时达到修复组织损伤的目的。但是，大剂量或长时间暴露于颗粒物会发生严重而持久的炎症反应，肺组织的炎症负担加重，造成恶性循环，引起组织增生和纤维化，甚至导致肺癌等严重后果的发生。

颗粒物引起的肺部炎症主要表现在：炎症细胞如吞噬细胞等数目增多，并大量向呼吸道和肺泡腔内流入；各种标志细胞损伤的酶如乳酸脱氢酶（LDH）分泌水平增高；各类细胞因子如 α（TNF-α）等分泌水平增高；肺组织细胞遭到损伤、变形、坏死、凋亡。

2. 对心血管系统的危害

大量流行病学研究表明，颗粒物暴露是人体发生和加重心血管疾病的危险因素。

阚海东团队研究发现，PM10 浓度两日移动平均值增加 $10g/m^3$，则每日全因死亡率增加 0.44%，心血管死亡率增加 0.36%，同样，PM2.5 浓度两日移动平均值每增加 $10g/m^3$，则每日全因死亡率增加 0.68%，心血管死亡率增加 0.55%。随着 PM10 和 PM2.5 浓度的增加，不同国家日全因死亡率差异较大，范围分别为 0.3%～1.32%，0.03%～2.54%。研究还发现，年均颗粒物浓度较低和年均气温较高的地区，PM10 和 PM2.5 浓度与全因死亡相关性较强。[1]

如图 4-2-1 所示，颗粒物对心血管系统影响的可能机制，其主要分为直接作用和间接作用。

直接作用是指颗粒物进入血液循环系统，直接改变血液的生化成分，造成上皮细胞的损伤，导致血小板活化，引起凝血级联反应，进而破坏凝血系统的凝血和溶血平衡，使平衡倾向凝血方向，血小板、纤维蛋白原、凝血因子Ⅶ等凝血成分水平升高，同时增加机体产生促进动脉粥样硬化发生的物质，如 C 反应蛋白以及各种细胞因子等；间接作用是指颗粒物通过神经系统如交感神经、副交感神经间接作用于心血管系统。颗粒物含有的一些有害物质可以导致血管收缩和血液成分改变，这些变化可以被血管中的压力感受器或化学感受器所感应，引起相应的

---

[1] 中国疾病预防控制中心.新英格兰医学杂志刊登复旦大学阚海东团队领衔全球 652 城市研究：短期空气污染暴露或增加死亡风险 [EB/OL].（2019-8-29）[2023-10-10]. https://www.chinacdc.cn/gwxx/201908/t20190829_205088.html.

神经冲动，进而破坏交感神经、副交感神经之间的平衡，这种功能紊乱将导致一系列心血管生理指标的改变，如心律异常和其他心电图指标的改变等。

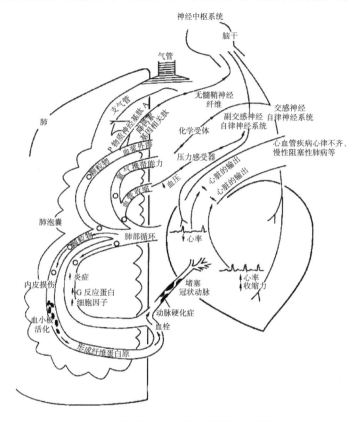

图 4-2-1　颗粒物对心血管系统影响的可能机制

3. 对免疫系统的危害

颗粒物具有免疫毒性，可引起机体免疫功能下降。机体免疫系统是由参与免疫的细胞和分子构成，其相应指标的变化在一定程度上反映了颗粒物对免疫系统的损伤和对机体健康的影响。例如，溶菌酶是一种碱性蛋白质分子，可以通过分解细菌细胞壁的含糖链来发挥抗菌作用，它是构成人体非特异性免疫功能的重要组成部分。IgA 是机体黏膜防御系统的主要成分。在颗粒物污染严重的地区，居民的唾液溶菌酶和免疫球蛋白分泌型 IgA（SIgA）含量会明显降低，说明了机体免疫功能受损。

颗粒物对免疫系统的损伤是多效应的。颗粒物通过直接或间接作用抑制参与非特异性免疫反应的细胞如自然性杀伤（NK）细胞、AM 吞噬细胞，参与特异性免疫反应的细胞主要是淋巴细胞，包括 T 淋巴细胞和 B 淋巴细胞的各种功能，使它们无法发挥免疫监视能力和抗肿瘤作用，导致机体非特异性和特异性免疫力下降。

流行病学研究表明，颗粒物的暴露还将增加鼻炎、哮喘等呼吸系统过敏性疾病的发生。例如，吸附 SO_2 的颗粒物是一种能引起支气管哮喘发作的过敏反应原，日本四日市哮喘公害病就是例证。

颗粒物的暴露对人体健康的影响远不止于肺部。事实上，颗粒物可以通过多种途径进入人体血液循环系统，从而对全身的免疫系统产生深远的负面影响。当免疫系统受到损害时，人体的正常免疫反应会减弱，对感染和损伤的抵抗能力也会下降。更为严重的是，受损的免疫系统甚至无法对恶性转化细胞进行有效识别，从而增加了患癌症等疾病的风险。颗粒物还可以进入肺外器官，对系统免疫产生潜在影响。事实上，肺部免疫损伤与系统免疫损伤密不可分，相辅相成。

4. 致突变、致癌性

（1）致突变性。颗粒物具有一定的致突变作用。长期暴露于颗粒物可引起染色体、DNA 基因等生物体细胞遗传物质发生改变。颗粒物在染色体水平的遗传毒性主要是导致染色体畸变，即染色体结构异常。颗粒物对细胞染色体的遗传毒性常采用微核试验，它是用来检测染色体损伤和染色体分离异常的一种方法。PM2.5 对细胞 DNA 的损伤检测方法包括 SOS 显色、染色单体交换（SCE）、程序外 DNA 合成（UDS）和单细胞凝胶电泳（SCGE）等。研究表明，煤烟颗粒物可导致肺 Ⅱ 型细胞 DNA 损伤。其中，DNA 双链交联和单链断裂是煤烟颗粒物引发 DNA 损伤的两种主要机制。基因作为具有特定遗传功能的 DNA 片段，易受颗粒物影响，从而引发基因突变，进一步影响基因产物及其功能的表达。研究人员多采用 Ames 试验对颗粒物有机提取物的致突变性进行研究，研究表明不同国家和地区的颗粒物有机提取物，均有不同程度的致突变性，且以移码突变为主。

（2）致癌性。大气颗粒物内含有各种直接致突变物和间接致突变物，比如以苯并芘为代表的多环芳烃及其氧化代谢产物硝基多环芳烃（NPAHS）。这些致突变物可以损害遗传物质，干扰细胞的正常分裂，同时破坏机体的免疫监视功能，从而引起癌症。国内外大量流行病学调查表明，随着大气污染的加剧，肺癌的发病率和死亡率的上升与长期吸入 PM 有关。有专家对 50 万例数据进行分析，在控制了年龄、性别、烟酒等个人危险因素之后，得出居民长期生活在污染空气中，空气中的 PM2.5 每增加 10g/m，肺癌致死的危险就增加 8%。有学者采用无条件逻辑回归模型研究不同粒径颗粒物与肺的关系，发现室内空气 PM，每增加 10g/m，患肺癌的危险就增加 45%。而且不吸烟的女性患肺癌的风险与导致室内空气污染的多种状况有密切关系，比如不吸烟女性常常处于被动吸烟的工作环境中，做饭燃烧石化燃料等。

颗粒物成分繁多，含有多种致癌物质及促癌因子。例如，在颗粒物中检测到的 30 多种多环芳烃及其衍生物，具有极强的致癌性。此外，颗粒物上附着的无机元素如砷、铍、镍、铬等也已确认对人体具有致癌作用。颗粒物的致癌效应可能源于其化学成分对遗传物质的直接损伤，从而引发癌基因激活、抑癌基因失活以及遗传物质变异，最终导致癌症的发生。

分子生物学研究表明，正常细胞中原癌基因的表达受到严密控制，不引起恶变，只有当其被激活时，才能导致细胞的恶性转化。因此，肿瘤的发生与相关癌基因的激活和抑癌基因的失活有关。有学者用免疫组化方法，在暴露于含有细颗粒物的空气污染物的人鼻上皮细胞中检测出 p53 蛋白（p53 基因突变的表达产物），从而揭示出长期暴露于空气污染物可引起 p53 基因突变。有些研究发现 PM10 可以抑制体外细胞间隙连接通信（GJIC），从而提示出 PM10 可能在癌症的发生过程中起促进作用。

5. 对生殖发育的危害

颗粒物具有一定的生殖毒性。例如，那些富含重金属如铅、镍、汞、镉等元素的颗粒物，随着血液循环进入人体的生殖系统，对生殖健康产生直接或间接的危害。研究表明，PM2.5 对生殖系统的危害主要表现在作用于睾丸组织。PM2.5 会导致睾丸组织内的各种氧化酶活性降低，这是由于 PM2.5 中的重金属元素对人体内的生物酶产生抑制作用，使得酶的活性下降。这种情况将进一步引发各类生殖系统疾病的发生，如生殖细胞损伤、生殖道炎症等，从而导致生殖能力下降。此外，颗粒物还有一定的发育毒性，可以在妊娠早期就对胎儿产生致毒效应。怀孕早期的孕妇暴露于颗粒物，可延迟子宫内胎儿生长、影响胎儿发育、导致生殖能力的下降。PM2.5 中含有多环芳烃等有毒物质，这些有毒物质在妊娠过程中可通过母体直接传输给胎儿，对胎儿的生长发育造成严重影响。母体在怀孕期间，本应是胎儿最安全的避风港，然而，PM2.5 的入侵让这个避风港变得不再安全。多环芳烃等有毒物质通过母体传输给胎儿，不仅会导致胎儿死亡率增加，还可能引发一系列先天性疾病。这些有毒物质对胎儿的神经系统、呼吸系统以及心血管系统的发育都会产生不利影响，使得胎儿的出生缺陷风险大大增加。

研究发现，大气颗粒物的浓度与围产儿和新生儿的死亡率、低出生体重以及先天功能缺陷具有显著的统计学相关性。这意味着，当空气中的 PM2.5 浓度升高时，围产儿和新生儿的死亡率也会随之上升，同时还会出现低出生体重和先天功能缺陷等问题。

6. 对其他系统的影响

290～315nm 波长的紫外线能使皮肤中的 7- 脱氢胆固醇转变成维生素 D，有抗佝偻病的作用。颗粒物吸收和散射太阳辐射，又是水汽发生凝结的核心，严重时往往形成雾和霾等气象学现象，减弱太阳辐射。$0.5～0.8mg/m^3$ 的颗粒物能降低太阳辐射 40% 左右，尤其能吸收紫外线，减弱紫外线强度，使城市中的紫外线一般比农村低 10%～25%。故在颗粒物污染严重的地区儿童所受的紫外辐射量减少，妨碍了体内维生素 D 的合成，使钙磷代谢处于负平衡状态造成骨钙化不全，使佝偻病的发病率增高。

铅是一种有害的重金属元素，对人体健康构成严重威胁。研究发现，粒径在 $1\mu m$ 及以下的带有铅的小颗粒物，在肺内沉积后，其对人体健康的影响远不止于肺部。这些微小的颗粒物极易进入血液系统，会导致一系列严重的健康问题。大部分带有铅的小颗粒物在进入血液后，会与红细胞结合。这种结合使铅颗粒在红细胞内积累，进而影响血液的运输功能。此外，小部分铅颗粒会形成铅的磷酸盐和甘油磷酸盐，铅磷酸盐和甘油磷酸盐通过血液运输，迅速进入肝、肾、肺和脑等器官。在这些器官中，铅颗粒沉积并开始对细胞和组织产生毒性作用。经过几周的时间，铅颗粒还会进入骨骼系统，导致骨密度降低等问题。长期暴露在铅污染环境中，人体会出现一系列中毒症状。高级神经系统受到严重影响，表现为头痛、头晕、嗜睡和狂躁等症状。在严重情况下，铅中毒会导致中毒性脑病，威胁生命。

（二）颗粒物对心理健康的危害

大气颗粒物污染不仅对人体生理健康造成危害，而且对人们的社会行为以及心理健康也造成负面影响。例如，主要由 PM2.5 引发的雾霾天气会促使居民减少日常户外活动，推迟旅行计划，从而限制了人们面对面沟通交流和互动的机会；雾霾加重时会出现高速公路封闭、飞机航班取消或延误的情况，严重影响人们的交通出行，给人们的日常生活带来诸多不便。

相对于生理方面的影响，大气污染对人的情绪情感、认知功能以及神经系统的负面影响的研究较少，相关的心理预警措施也较少提及。这主要是因为大气污染的影响往往是渐进的，不容易被察觉，而且其对心理健康的损害并非即时显现，往往需要长时间的累积才能被发现。然而，随着大气污染问题的日益严重，越来越多的人开始关注这个问题，并试图寻找解决之道。一些学者通过对比统计发现，天气晴朗、阳光明媚的好天气会使人心情愉悦，积极乐观；灰蒙蒙的天气则会令人心情不佳、感觉沉闷、压抑、情绪低落，更甚者会刺激或者加剧人们心理抑郁的状态。现代医学认为人脑中有一种腺体叫松果体，其对光线十分敏感。光照强度越弱，松果体活跃程度越强，并抑制人体一些使人振奋的腺素产生。因此，人们长期处于阴霾中，情绪的低沉会更加明显。

多项研究证实，颗粒物污染对老年群体的认知能力具有负面影响，可能加剧或诱发老年痴呆症。同时，此类污染还会对儿童的智力发育产生阻碍，导致记忆力不佳，进而影响学生的学业表现。有学者研究发现长期暴露于颗粒物污染的老年女性其工作记忆、计算、命名能力等均下降，同样老年男性在定向能力、记忆力、注意力及语言等方面表现较差；有学者发现暴露于高浓度的黑炭导致儿童认知功能下降，在智力测试中表现较差。研究人员通过神经病理或动物实验研究剖析颗粒物导致的认知损害发病机理。他们认为颗粒物具有潜在的神经毒性，即对中枢神经系统、周围神经系统均会产生伤害，从而损伤认知功能。

多项流行病学研究证实，高浓度颗粒物可诱发多种疾病，加剧慢性病病情，从而对个体产生急性或慢性、长期的心理负面影响，并提高自杀风险。有学者证实 PM2.5 和 PM10 的增加与较高的自杀风险存在直接联系。有学者研究发现 PM10、O_3 与 NO_2 含量的上升会引发老年人抑郁症状的增加。究其原因，颗粒物与抑郁或自杀相关可能与颗粒物成分中含有如铅、汞、锰等毒害神经的物质有关。

大量研究表明，大气颗粒物污染不仅会对人的身体健康产生严重影响，还会对人的心理健康产生不可忽视的影响。基于上述因素，我们有必要对易患和已患心理问题的人群给予积极的关注，宣传健康的自我保护措施，加强其在日常生活中的心理保健。

二、气态污染物的危害

大气污染物存在的另一种形态——气态污染物种类极多，数量极大，其对人体健康及生态环境的危害也很大，下面我们就主要的几种气态污染物的健康影响加以阐述：

（一）二氧化硫

二氧化硫（SO_2）是最常见的大气污染物之一。它具有强烈的刺激性气味，为无色气体，属于中等毒性物质。SO_3化学性质活泼，吸湿性强，极易溶于空气中的水分中形成硫酸雾，并以气溶胶状态在空气中存在，其过程是：

$$SO_2 \xrightarrow[\text{催化}]{\text{催化或光化学氧化}} SO_3 \xrightarrow{H_2O} H_2SO_4 \xrightarrow{H_2O} (H_2SO_4)_m(H_2O)_n$$

大气中的SO_2主要是由含硫燃料燃烧和生产工艺过程中采用的含硫原料所产生的。含硫石油、煤、天然气的燃烧，铁、铅、锌、铝等硫化矿石的熔炼和焙烧，各种含硫原料的加工生产过程等均能产生SO_2而污染大气。

我国《环境空气质量标准》（GB3095—2012）中规定：SO_2年平均浓度限值一级标准为0.02mg/m^3，二级标准为0.06mg/m^3；24h平均浓度限值一级为0.05mg/m^3，二级为0.15mg/m^3；1h平均浓度限值的一级标准为0.15mg/m^3，二级标准分别为0.50mg/m^3。

空气中的SO，在干洁大气中可以滞留7～14d；在水汽充足的条件下，或者有其他催化物存在时，则只需1h就可能被氧化成亚硫酸（H_2SO_3）而形成硫酸雾，刺激眼结膜，并引起炎症。SO_2易溶于水，当它通过人体鼻腔、气管、支气管时，多被管腔内黏膜的湿润表面吸收、阻留，变为硫酸、亚硫酸和硫酸盐，刺激上呼吸道内的平滑肌，使其产生收缩反应，使气管、支气管的管腔变窄，气道阻力增大。SO_2浓度为$10 \sim 15 \cdot 10^{-6}$时，呼吸道纤毛运动和黏膜的分泌功能均能受到抑制。浓度达$20 \cdot 10^{-6}$时，引起咳嗽并刺激眼睛，若每天吸入浓度为每$8h \cdot 10^{-6}$，支气管和肺部出现明显的刺激症状，使肺组织受损。浓度达$400 \cdot 10^{-6}$时可使人呼吸困难。SO_2 在呼吸道中主要被鼻腔和上呼吸道黏膜吸收，而不易进入肺部。但 SO_2 可吸附于大气颗粒物的表面而进入呼吸道深部。例如，SO_2 附着在飘尘上一起被人体吸入，飘尘气溶胶微粒可将 SO_2 带到肺部使其毒性增加 3～4 倍。若飘尘表面再吸附金属微粒，在其催化作用下，使 SO_2 氧化为硫酸雾，其刺激作用比 SO_2 增强约 1 倍。SO_2 和飘尘的联合作用，可促使肺泡纤维增生，甚至形成纤维性病变，可使纤维断裂形成肺气肿。

SO_2 被呼吸道吸收以后，通过肺毛细血管进入血液分布全身。SO_2 在体液中以其衍生物——亚硫酸根离子（SO_3^{2-}）和亚硫酸根离子（HSO_3^{3-}）动态平衡的形式存在，其衍生物在气管、肺、肺门淋巴结和食道中含量最高，其次为肝、肾、脾等器官。硫酸及其盐类可通过尿排出体外，亚硫酸和重亚硫酸及其盐类可进一步自氧化，产生超氧阴离子自由基，导致细胞及其遗传物质的损伤。

长期暴露于低浓度 SO，对呼吸道的毒理机制有三个方面：一是细菌上呼吸道平滑肌末梢神经感受器，产生反射性收缩，使气管和支气管管腔变窄，呼吸道阻力增加；二是肺功能受损；三是抑制或减弱呼吸道纤毛运动和黏液的分泌，呼吸防御降低，易发生呼吸感染，诱发慢性鼻炎、慢性支气管炎、支气管哮喘、肺气肿等。

（二）氮氧化物

氮氧化物（nitrogen oxides，NO_x）是大气中常见的污染物，通常是指一氧化氮（NO）和二氧化氮（NO_2）。大气中还有 N_2O、N_2O_3、N_2O_4、N_2O_5 等氮氧化物。在大气中，危害大的氮氧化物是 NO 和 NO_2。N_2O（笑气）毒性甚低，曾用作吸入麻醉药；N_2O_3、N_2O_4、N_2O_5 易分解为 NO 和 NO_2，在毒理学上无重要意义。

NO 是无色、无味、无刺激性、难溶于水的气体。NO 与强氧化能力的物质如空气中的氧或臭氧（O_3）作用，生成 NO_2 的速度很快。

NO_2 是红棕色的、有刺激性和腐蚀性、难溶于水的恶臭气体。NO_2 在空气中一般较稳定，但在阳光紫外线的作用下能与 O_2 生成 NO 和 O_3。NO_x 主要来自火力发电厂和其他工业的石油、煤、天然气等燃料的燃烧过程以及硝酸厂、氨肥厂、硝基炸药厂、冶炼厂等工业生产过程。从工厂烟囱排出的 NO_x 气体当浓度较高时呈棕黄色，俗称黄龙。汽车排出的废气是城市大气中 NO_x 的重要污染源之一。此外，自然界的雷电、火山爆发、森林失火、土壤中硝酸盐的还原，也能产生 NO_x。

我国《环境空气质量标准》（CB3095—2012）中规定：NO_2 年平均浓度限值，一级标准为 $0.04mg/m^3$，二级标准为 $0.04mg/m^3$；24h 平均浓度限值一级标准为 $0.08mg/m^3$，二级标准为 $0.08mg/m^3$；1h 平均浓度限值，一级标准为 $0.20mg/m^3$，二级标准为 $0.20mg/m^3$。

NO 和 NO_2 在水中的溶解度较低，因此在上呼吸道很难被吸收，更容易进入下呼吸道并抵达肺部深处。当 NO_2 抵达肺泡时，它将缓慢地溶解于水分中，生成亚硝酸和硝酸及其盐类，以亚硝酸根和硝酸根离子的形式通过肺脏进入血液循环，随后分布至全身，导致肾脏、肝脏、心脏等器官受损，最终通过尿液排出体外。

有关 NO 中毒的资料甚少，这是因为 NO 在空气中易化成 NO_2，因此 NO 的毒性研究较难进行。通常健康的男性吸入浓度约为 $2.1\sim2.7mg/m^3$ 的 NO_2 可引起气道阻力增加，而吸入浓度约为 $27mg/m^3$ 的 NO 才能引起呼吸道阻力增加。

NO_2 对呼吸道的毒性作用与暴露时间的长短及人群健康状态有关。如果健康状态不好，即使暴露于低浓度 NO_2 下，也有可能引起呼吸道阻力增加等症状，久而久之引起上呼吸道黏膜和支气管慢性炎症。如果暴露于高浓度 NO_2 下，人体最初的表现为鼻和上呼吸道的轻度刺激症状。这些症状包括但不限于头痛、咽喉不适、干咳等。这些症状可能在短时间内出现，随着时间推移，NO_2 的累积效应开始显现，肺炎和肺水肿等症状接踵而至。胸闷、呼吸短促、体温升高、呼吸困难等症状会让患者感到极度不适。严重的还会出现发绀、昏迷等严重症状，甚至危及生命。

（三）臭氧

在自然条件下，臭氧（O_3）是一种淡蓝色气体。臭氧极不稳定，容易分解为氧气，它也是已知最强的氧化剂之一。在离地面 $20\sim30km$ 的平流层较低层存在着天然的低浓度臭氧，它会保护地球上的生物免受来自太阳紫外线辐射的伤害；在近地面 $1\sim2km$ 中存在的臭氧是典型的二次污染物，它的生成与光照、气温等气象因素密切相关。它主要是由大量人为产生的氮氧化物 NO_x 和挥发性碳氢有机物等一次污染物在温度适宜和太阳光照射下，经一系列光化学反应生成一种刺激性很强的浅蓝色烟雾，其主要成分是O_3、醛类及各种过氧酰基硝酸酯（PAN），其中O_3约占90%以上。

20世纪40年代初发生的美国洛杉矶光化学烟雾事件，其罪魁祸首就是O_3。O_3破坏人体的维生素E，使人皮肤出现起皱和黑斑。O_3对眼睛和呼吸道黏膜有较强的刺激作用，能引起眼睛各种不适症状，使呼吸道阻力增加，严重时可导致肺气肿和肺水肿等病变。O_3对肺损伤的主要特征包括支气管上皮纤毛消失、肺泡上皮细胞死亡和脱落。此外，该损伤还可导致细胞膜磷脂、蛋白质等直接氧化产生有机自由基，以及氧化脂肪酸和多不饱和脂肪酸生成有毒过氧化物。这些物质会破坏膜的结构和功能，改变膜的透性，并导致细胞内酶泄漏，从而引发组织损伤。O_3还可以损伤T淋巴细胞和B淋巴细胞的功能，使免疫功能下降，诱发淋巴细胞染色体病变，致使胎儿畸形。

（四）碳氧化物

碳氧化物主要包括一氧化碳和二氧化碳。一氧化碳（CO）是大气中常见的污染物，它是一种无色、无臭、无味、无刺激性的有毒气体，CO在空气中很稳定，转变为CO_2的过程很缓慢。

CO是由于含碳物质不完全燃烧产生的。城市大气CO污染的重要污染源是汽车废气（含CO 4%～7%）。另外，大气中CO污染还主要来自工矿企业家庭炉灶、采暖锅炉、木炭燃烧及吸烟等。火山爆发、森林火灾、地震等自然灾害也是造成局部地区CO浓度增高的原因。

我国《环境空气质量标准》（GB3095—2012）中规定：CO的24h平均浓度限值一级和二级标准均为4.0mg/m³；1h平均浓度限值的一级和二级标准均为10.0mg/m³。

CO中毒与血液中碳氧血红蛋白（COHb）的浓度密切相关。CO经呼吸道吸入，再通过肺泡进入血液，大部分与红细胞内的血红蛋白结合生成碳氧血红蛋白（COHb），小部分（10%～15%）和血管外的血红素蛋白如肌红蛋白、细胞色素氧化酶等结合。CO与血红蛋白结合生成碳氧血红蛋白的速度比氧与血红蛋白生成氧合血红蛋白（HbO_2）的速度大200～300倍，而COHb的解离速度却比HbO，慢 3600 倍，所以 CO 与血红蛋白的结合大大减弱了红细胞携带和运输氧气的能力。正是由于体内组织缺氧等，导致脑神经系统受损，加重心脑血管病患者的症状。

污染空气中其含量远超过新鲜空气中的二氧化碳（CO_2）含量约为 0.03% 这个指标。大气中 CO_2 含量过高，人的呼吸就会加快，给健康带来影响。例如，当 CO_2 含量超过 1.5% 时，就会引起人的听力稍微下降，超过 4%，就会产生头晕、耳鸣、血压升高等症状，及至达到 8%～10%，则会引起呼吸困难、脉搏加快、全身无力等症状，若达到 30% 以上，则会死亡。

（五）大气汞

根据理化性质，大气汞（Hg）存在形态包括气态单质汞、气态二价汞和颗粒态汞，其中单质汞占大气汞的绝大部分。大气汞污染大气，可通过呼吸道、消化道和皮肤等途径侵入人体并被其吸收。Hg 在自然界中分布很广，几乎所有矿物中都含有 Hg。汞进入大气的途径有自然释放、人为释放和二次释放三种。与自然来源相比，大气汞人为活动增加更为严重，人为活动主要包括化石燃料的燃烧、市政垃圾、医疗垃圾和污泥等废物焚烧、有色金属冶炼、含汞产品的生产加工等活动。其中，化石燃料燃烧和垃圾燃烧释放到大气中的汞约占大气汞人为释放量的 70%。大气汞在空气中的浓度尽管相对较低，但其影响范围广泛，长期暴露仍会对人体产生危害。首先，大气汞主要以气态单质形式直接侵入人体，通过肺泡黏膜迅速分布至全身各组织器官；其次，大气汞可通过干、湿沉降作用进入水体（如河流、湖泊等）或土壤表面，污染水生和陆生生态系统，进而通过水生或陆生食物链的累积和生物放大等途径，对人体产生危害。大气汞的毒性作用主要依赖于它的化学形态及其在体内的分布状况。金属汞主要对脑神经系统造成损伤。金属汞易溶于脂肪，容易通过生物膜进行转运，也容易通过血脑屏障进入脑组织，在其中被氧化成二价汞离子后，水溶性增强，脂溶性降低，再难于返回血液中，从而在脑组织中蓄积，引起脑组织损害。金属汞还对生殖系统、免疫系统和呼吸系统等造成危害。金属汞的毒性机理主要是二价汞与蛋白质和酶中的基反应形成了稳固的硫汞键，改变了蛋白质及其酶的结构和功能，使细胞代谢紊乱，导致组织器官病变。

三、有机化合物的危害

根据有机物挥发性、沸点的不同，空气中的有机化合物可以分为挥发性有机化合物（VOC）、半挥发性有机化合物（SVOC）和颗粒态有机化合物（POM）。其中，根据世界卫生组织对室内有机物的分类原则 SVOC 是指沸点在 240~260℃到 380~400℃范围内的一类有机挥发性化合物其来源主要来自室内化学日用品、室内材料助剂等。本文主要阐述室外大气污染，因此在这里不涉及 SVOC。

（一）挥发性有机物的危害

根据世界卫生组织的定义，挥发性有机物（VOC）是指在 25℃下饱和蒸汽压大于 133.32pa、沸点范围为 50~100℃至 240~260℃的各种有机化合物按其化学结构，VOC 可以进一步分为八类：烷烃类、芳香烃类、烯烃类、卤代烃类、酯类、醛类、酮类和其他化合物，其中有些类别化合物具有致突变、致癌、致畸毒性。目前已鉴定出的 VOC 有 300 余种。VOC 在常温下可以蒸发的形式存在于空气中。机动车尾气、溶剂挥发、油气泄漏、工业排放以及植物释放是导致城市大气中 VOC 存在的主要因素。城市空气中的 VOC 日浓度变化分别出现在早晚交通高峰期，交通区和混合区的年平均 VOC 浓度均超过了文化区和工业区。在城市大气中，VOC 浓度在夏冬季显著高于春秋季。随着城市汽车保有量的增加，城市大气中的 VOC 将会明显增加。

大气中的 VOC 是 O_3 和其他类大气氧化剂等的主要前体物。大气中部分 VOC 积极参与大气光化学氧化过程，生成 O_3 等二次颗粒物或者化学活性较强的中间产物（如自由基等），从而增加烟雾、O_3 的地表浓度，危害生态环境。不仅如此，一些 VOC 也会吸收红外线，进而影响全球气候，呈现明显升温状态。以气态形式存在的 VOC，也会对人体呼吸系统产生危害。长期处于 VOC 环境中，人体会出现全身乏力、瞌睡、皮肤瘙痒等症状，并会造成视觉、听觉受损；在认知方面造成长期或短期记忆混淆；在运动方面握力减弱、不协调等。某些 VOC 对人体具有致癌性，其毒性与其电负性成正比。主要危害机制是干扰细胞内电子传递，损害细胞代谢过程。另外，吸入部分挥发性卤代烃会对中枢神经系统造成不可逆的损伤，具有致癌和致畸效应。对健康危害最大的 VOC 是苯、甲苯和二甲苯，暴露于环境中可导致人体的中枢神经系统、肝、肾和血液中毒，增加白血病等疾病发生的风险。

（二）颗粒态有机物的危害

许多挥发性或半挥发性有机化合物在大气中以蒸气或吸附于悬浮颗粒物上的形式存在。比如，多环芳烃（PAHs）就是一种颗粒物载带的有机污染物。它是由两个及以上苯环组成的碳氢化合物，主要有 18 种，其中 16 种被美国环保局（USEPA）列入优先控制污染物，7 种被我国环保部门列入优先控制污染物。二环、三环的 PAHs 主要以气态形式存在，而四环以上的 PAHs 多以颗粒态的形式存在。PAHs 的来源主要有汽车尾气、废物焚烧、工业能源燃烧、矿物油提炼等。

PAHs 可参与机体的代谢作用，多具有致癌、致畸、致突变和生物富集性，其中苯并 [a] 芘的毒性最强。PAHs 在环境中可长时间存在，因此对动植物和人类健康产生严重的危害。大气 PAHs 暴露的主要途径是呼吸道。颗粒物的粒径是影响 PAHs 健康危害的重要因素之一。根据 Ios Alamos 标准，90% 的小于等于 $2\,\mu m$ 的颗粒物可沉积于肺泡，并在肺部能存留数周甚至数年。

第三节　大气污染综合防治

大气污染综合防治的基本点是防与治的综合，实质是为了达到区域环境空气质量控制目标，对多种大气污染控制方案的技术可行性、经济合理性、区域适应性和实施可能性等进行最优化选择和评价，从而得出最优的控制技术方案和工程措施。

一、防治步骤

大气污染综合防治可参考以下步骤进行：

（1）收集调查有关城市或地区各种大气污染源的位置，排放的主要有害物质种类、数量、时空分布及污染源高度、排气速度等参数。对大量分散的小污染源，如居民和商业饮食炉灶等，则应把整个区域划分为若干个小区，每个小区内的小污染源按面源处理。

（2）监测区域内各有关监测点的大气污染物浓度，并计算出各点的日、月、年平均浓度。

（3）研究确定适用于当地的大气污染物扩散模式，并计算出区域内各类污染源排放的有害物质对环境的影响值，确定使环境中大气污染物降低到允许值或目标值时，区域内各类污染源的削减量方案。确定这一方案时，需充分利用大气环境容量。

（4）调查了解在一定时期内，可用于大气污染综合防治的资金。

（5）研究各种可能减轻大气环境污染的措施。如为减轻锅炉烟尘对环境的污染，可安装除尘器来消烟除尘，减少燃煤量以削减烟尘量。此外也可采用集中供热，使用无污染能源等。

二、工业治理

大气污染的产生，主要与工业生产过程中废气的排放密切相关。为了改善大气环境质量和实施污染综合防治，我们必须将工业污染治理作为工作的重中之重。我们需要对工业布局进行合理调整，明确划分工业用地与其他用地，以防止工业废气、污水等对城市环境产生负面影响。在我国许多大中城市，政府已经采取措施将工业迁出市区，关闭不符合环保规定的工厂和企业。

我们要强化对工业企业的监督与管理，严格执行废水、废气的排放标准。通过加强监管，确保工业企业严格遵守环保法规，降低污染物排放。我们需要对生产设施进行升级。在工业废气治理过程中，运用除尘技术、脱硫技术以及纳米光催化净化技术等，有效减少和清除工厂生产过程中排放的有害气体和污染物。在实际治理中，我们可以采用集中式废气治理方案，通过采用除尘、脱硫、纳米光催化净化等技术，实现气体的有效净化。

加强工业治理，从源头出发，减少废气和污染物的排放是我国环保政策的重要方向。此外，我国还通过调整产业结构和优化产业布局，对众多工业企业进行了绿色改造。对于那些落后产能企业，我国采取了淘汰的措施，从源头上减少了污染物的排放。同时，我国还加强了对于高耗能、高污染的工业企业的监管，增加了各类环境违法案件的查处力度。

三、增加城市绿化

在我国的大气环境质量管理与污染综合防治工作中，我们不仅要加强工业污染的治理，还要注重城市生态环境的改善。其中，城市绿化建设就是一项至关重要的任务。通过增加城市绿化面积，我们可以从多个方面发挥绿地的作用，以提升城市的生态环境质量。我们要积极扩大公共绿地、街道绿地和庭院绿地，以此增加城市绿地的整体覆盖面积。这样不仅可以净化空气，降低大气中的二氧化碳含量，缓解温室效应，还可以吸收有害气体，从而改善空气质量。城市绿化建设也有助于提升城市的美观度。绿地在城市中的分布，无论是作为公共景观，还是私人庭院景观，都能给城市增添一抹清新的色彩，使城市更加宜居。此外，城市绿地还具有防灾、抗灾的功能。例如，防护林带可以起到防风、固沙的作用，道路防护绿地则可以防止交通事故的发生，降低灾害对城市的影响。为了更好地实现污染防治的目标，我们还需要建设工业卫生防护绿地，将居住区和工业区分开来。这样就可以利用绿色植被吸收有害气体，避免污染气体弥漫、分散至居民区，为城市居民的身体健康提供保障。

四、汽车尾气的治理

随着我国经济的飞速发展和城市化进程的加快，汽车作为一种重要的交通工具已经成为越来越多家庭的必需品。然而，汽车数量的激增导致了汽车尾气排放问题日益严重。汽车尾气排放已成为大气污染的主要原因，其中包括一氧化碳、氮氧化物、颗粒物等有害气体和污染物。因此，在大气环境质量管理和污染综合治理中，汽车尾气排放的治理显得尤为重要。

使用清洁能源是减少汽车尾气排放的有效途径。清洁能源如压缩天然气、液化石油气、生物柴油等，相较于传统燃油，其尾气排放量较低，有利于改善空气质量。目前，世界各国家、地区都致力于新燃料的开发，尝试以更环保的绿色燃料来取代油气燃料，如美国的"大豆柴油"等。新能源汽车就是基于此理念开发出来的新型燃料汽车。市场上已经有不少纯电动汽车、混合燃料型汽车，以油气为主的汽车正在逐渐被取代。我们相信，汽车"零排放"的目标总有一天能全面实现。

提高燃料品质也是降低汽车尾气排放的重要手段。在燃油中加入乙醇或甲基叔丁基醚等物质，可以减少芳香烃和铅的使用，降低尾气中的有害物质含量。同时，确保燃料充分燃烧，能有效减少尾气排放。通过改进发动机燃烧过程、提高燃烧效率，进一步降低尾气排放量。

采用机内净化技术是净化尾气的关键。催化转化器、废气再循环技术、曲轴箱通风技术以及碳罐技术等机内净化技术的应用，可以促进燃料充分燃烧和吸附污染物，从而达到净化尾气的目的。

在我国，多个省市加大了对清洁能源的研发力度，推动新能源车型的普及。此外，政府还出台了一系列政策措施，鼓励企业和个人购买和使用清洁能源汽车，如补贴、购车指标等。这些举措都将有助于减少汽车尾气排放，改善大气环境质量。

五、其他防治措施

利用环境自净能力进行大气污染防治，其作用机制包括物理、化学和生物三个方面。在污染物总量固定的前提下，污染物浓度分布受气象条件的影响。深入了解并掌握气象变化规律，最大限度地发挥大气自净功能，有助于降低污染物浓度，减轻或避免大气污染带来的危害。例如，根据各地区和高度的大气层变化特点，合理设定烟囱高度，促使污染物在大气中迅速扩散和稀释。

第五章 大数据下生态环境信息资源整合共享

本章为大数据下生态环境信息资源整合共享，主要介绍了三个方面的内容，分别是生态环境信息资源体系、生态环境信息资源治理、生态环境信息资源共享。

第一节 生态环境信息资源体系

一、生态环境数据资源规划

数据资源规划是生态环境大数据资源共享建设过程的一个重要环节，是实现大数据资源共享建设最终目标的基础保证。通过对生态环境数据进行规范的数据资源规划，可厘清数据项之间的关系，为数据综合应用打下坚实的基础通过资源规划为基础建立数据体系，并且利用资源规划的成果指导数据库体系的设计，通过对各类资源进行区分、归类，指导资源目录体系设计。同时，数据资源规划可把分散的、标准不一的数据进行梳理整合，实现由数据到信息的转化，为科学决策和有效管理提供信息支持。

（一）数据资源规划的主要作用

1. 为生态环境数据资源共享提供有力的基础支撑

（1）摸清生态环境大数据资源"家底"、说清数据现状。

（2）梳理生态环境大数据资源体系。

（3）支撑生态环境大数据应用数据库体系设计与建设。

（4）指导标准规范编制。

2. 规范业务系统建设

（1）统一数据标准。

（2）规避重复采集。

（二）数据资源规划策略与方法

1. 数据资源规划策略

考虑到涉及众多的生态环境业务数据，在进行数据资源规划时，我们需要采取一定的策略，使复杂的规划过程条理化，保证规划过程的整体质量。数据资源规划的整体策略包括如下几方面的内容：

（1）明确界定数据资源规划的数据范围：完全按照生态环境部门内部现有的数据资源范围进行资源规划。

（2）明确界定数据资源规划的职能领域范围：通过对建设项目管理、环境质量监测管理、环境税管理、环境执法管理、环境统计管理、污染源监督性监测管理、污染源自动监控管理、排污许可证监管、固废与化学品监管、其他外委办厅局数据等内容进行具体的数据资源规划。基于环境统计数据元、污染源监督性监测数据元和污染源自动监控数据元已经有的数据元标准，数据资源规划将直接继承和使用这三大职能域的数据元素集。

（3）单个职能领域按照数据资源规划的方法进行具体的规划：按照数据资源规划的方法对建设项目管理、环境质量监测管理、环境税管理、环境执法管理、环境统计管理、污染源监督性监测管理、污染源自动监控管理、排污许可证监管、固废与化学品监管、外部委办厅局管理数据等多个生态环境保护职能域进行资源规划。需要说明的是各职能域的数据资源规划过程中，将不进行数据流的量化分析。

（4）汇集数据元素集：在各个职能领域对数据元素进行整理和归纳的基础上，我们可以构建出一个全面的环境资源中心数据元素集。这个数据元素集包含了众多重复使用的基础数据元素，这些元素在不同的职能领域中具有重要作用。在进行数据资源规划的过程中，我们需要意识到公用的数据元素的重要性，并将其提取出来，形成三个核心的数据元集，分别为污染源基本信息数据元集、环境质量基本信息数据元集和公共编码数据元集。这三个数据元集分别涵盖了污染源、环境质量和公共编码等方面的基础信息，为环境信息资源中心平台提供了丰富的数据支持。整理和提取这些数据元素的过程并非简单的汇总，而是要确保每个数据元素都具有明确的分类和用途。通过这种方式，我们可以构建出一个完整、清晰分类且不重复的环境信息资源中心平台数据元素集。

2. 数据资源规划方法

数据资源规划的具体方法主要包括用户视图分析、数据流分析和形成数据元素集三大部分。

（1）用户视图分析（业务表单分析）。用户视图（user view）是一种重要的数据表现形式，它汇集了用户对于数据实体的理解和认知。用户视图主要包括三大类别，分别为输入大类、存储大类和输出大类。每个大类下面又细分为四个小类别，分别是单证／卡片小类、账册小类、报表小类和其他小类。在业务分析过程中，通过对用户视图的信息需求分析，可以充分发挥业务分析员的知识和经验，从而构建出稳定且有效的数据模型。这对于企业的数据管理和发展战略制定颇有助力。在进行用户视图分析时，对用户视图按照职能域、大类、小类的层次进行编码，这被称为用户视图标识。

（2）数据流分析。数据流是业务域的流动，它如同血液在人体内循环，承载着各种业务活动的信息。数据流分析是对业务数据流动方向和关系的研究，它能够直观地反映出数据的产生和使用情况。在进行数据流分析时，首先需要绘制一级和二级数据流程图，这些图表能够清晰地展示数据流动的过程和情况。

数据流程图的作用主要体现在以下几个方面：第一，便于用户表达功能需求和数据需求。通过图表的形式，用户可以更直观地描述业务过程中涉及的功能需求和数据需求，以及它们之间的联系。这有助于开发人员更好地理解用户的需求，从而设计出更贴近用户需求的系统。第二，便于两类人员共同理解现行系统和规划系统框架。数据流程图以可视化的方式展示了业务流程和数据关系，有助于开发人员和业务人员共同理解现有系统的运行情况，进而规划出新的系统框架。第三，清晰表达数据流的情况。数据流程图详细地描绘了数据在业务过程中的流动情况，包括数据的来源、去向和处理过程。这有助于分析和优化数据流动，确保数据在业务过程中的高效利用。第四，有利于系统建模。数据流程图反映了业务领域的数据结构和流程，为系统建模提供了有力的支持。通过对数据流程图的分析，建模人员可以更好地把握业务场景，构建出更为精确和实用的系统模型。

（3）职能域数据元素集。在对用户视图的组成进行详细的分组登记之后，我们可以更加清晰地了解各个用户视图中包含的所有数据项内容。值得注意的是，不同的用户视图往往可以重复使用许多相同的数据项或数据元素，这一特点在数据资源规划过程中起着关键作用。为了满足具体的核心业务需求，我们需要从这些重复使用的数据元素中提取出公用的部分。数据元素在用户视图中的分布情况是指考虑同一数据元素可能出现在哪些用户视图中。那些在多个用户视图中频繁出现的数据元素，很可能是共享的数据元素。通过对数据元素在用户视图中的分布进行分析，我们可以更好地消除"同名异义"的数据元素问题。这一过程也在数据质量控制中发挥着基础性的作用，为后续的数据处理和整合提供重要参考。

（三）数据资源规划业务分析

根据数据资源规划的要求，首先要做好数据资源规划，其次要对环境信息资源所涉及的环境管理职能域进行划分，然后对职能域内业务过程和业务活动进行详尽分析后才能进行数据体系的设计，对数据资源规划的业务需求分析如下：

1. 职能域分析

建设相关的环境环保业务划分为 10 个职能域，分别为：①建设项目管理职能域；②排污许可证管理职能域；③固废危废监督管理职能域；④总量核查管理职能域；⑤环境质量监测管理职能域；⑥环境监察执法职能域；⑦环境统计管理职能域；⑧污染源监督性监测管理职能域；⑨污染源自动监控管理职能域；⑩外委办厅局管理职能域。

2. 对业务过程和业务活动进行分析

针对 10 个职能域分析每一个职能域中的业务过程，并对业务过程中的业务活动进行分析，具体情况如表 5-1-1 所示。

表 5-1-1　业务框架构成表

序号	职能域	业务过程数量	业务活动数量
1	建设项目管理	3	7
2	环境质量监测管理	1	7
3	环境监察执法	3	8

序号	职能域	业务过程数量	业务活动数量
4	环境统计管理	1	4
5	污染源监督性监测管理	1	3
6	污染源自动监控管理	1	4
7	排污许可证	1	3
8	固废危废监管	1	3
9	总量核查	1	3
10	外委办厅局	1	2
	合计	14	44

（四）数据资源规划数据分析

以建设项目管理为例，业务需求分析中对建设项目管理职能域的主要业务过程和业务活动进行了初步的分析，下面将对该职能域主要业务过程所涉及的各类数据资源进行用户视图分析和数据流分析，形成该职能域的一级和二级数据流，并且对该职能域的数据元素进行整理。

1. 用户视图分析

（1）用户视图分组与登记。建设项目管理业务主要涉及的表单（样表）包括：建设项目竣工环境保护验收申请登记卡、建设项目环境影响登记表、建设项目竣工环境保护验收登记表等。针对主要的业务表单，将形成建设项目管理的用户视图分组，每组用户视图组包括多个用户视图。

（2）用户视图组成登记设计。在建设项目管理用户视图登记的基础上，需要对每个用户视图进行组成登记即具体说明每个用户视图由哪些数据项内容组成，定义每个用户视图的数据项。

（3）数据流分析。对一级数据流及二级数据流进行分析，绘制一级及二级数据流图，建设项目管理一级数据流图，主要描述了建设项目管理职能域与其他职能域和外部单位之间的数据流向。建设项目管理二级数据流图，主要描述了建设项目管理中各用户视图分组之间的数据流向，其中流程图中的处理框对应建设项目管理中的几个主要业务过程。

2. 数据元素整理

建设项目管理数据元素集主要包括环境评价数据元、建设项目试运行数据元、建设项目竣工环境保护验收数据元、建设项目备案数据元四大类，每一类都包括多项数据元。

（五）大数据资源中心元素集整理

根据数据资源规划中数据元素的整理结果，针对元素集进行整理和统计。

1. 污染源基本信息数据元素集

污染源基本信息数据元素集主要包括基本信息数据元、排口信息数据元数采仪及在线监测设备数据元、污染源关联关系数据元、主要产品及原辅材料数据元、生产设备（设施）及生产工艺数据元、污染治理设施数据元六大类，每一类都包括众多数据元。

2. 环境质量基本信息数据元素集

环境质量基本信息数据元素集主要包括水环境质量基本信息数据元、大气环境质量基本信息数据元、噪声环境质量基本信息数据元三大类，里面包括众多数据元。

3. 排污许可证数据元素集

排污许可证数据元素集主要包括排污许可证信息元一大类，每一类都包括多项数据元。

4. 建设项目管理数据元素集

建设项目管理数据元素集主要包括环境评价数据元、建设项目试运行数据元、建设项目竣工环境保护验收数据元、建设项目备案数据元四大类，里面包括众多数据元。

5. 污染源自动监控数据元素集

污染源自动监控数据元素集主要包括污染源自动监控信息数据元、污水处理厂自动监控信息数据元、自动监测设备信息数据元三大类，每一类都包括众多数据元。

6. 污染源监督性监测数据元素集

污染源监督性监测数据元素集主要包括污染源基本信息数据元、废水数据元、废气数据元、污水处理厂数据元、监测报告数据元五大类，每一类都包括众多数据元。

7. 污染源工程监测数据元素集

污染源工况监测数据元素集主要包括污染源工况基本信息、工况企业设施信息元数据、实时数据元数据、工况监测因子信息、工况监测工业信息元五大类，每一类都包括众多数据元。

8. 环境统计数据元素集

环境统计管理数据元素集主要包括基础数据元、废水数据元、废气数据元、固体废物数据元、污染治理项目数据元五大类，每一类都包括众多数据元。

9. 环境监察执法数据元素集

公众监督与执法数据元素集主要包括监督执法信息数据元、信访信息数据处罚信息数据元两大类，每一类都包括众多数据元。

10. 固废危废管理数据元素集

固废危废管理数据元素集主要包括单位信息及转移信息两大类，每一类都包括众多数据元。

11. 信访投诉数据元素集

信访投诉数据元素集主要包括投诉信息一大类，里面包括众多数据元。

12. 总量核查数据元素集

总量核查数据元素集主要包括年度减排计划、各行业减排核算情况、各行业减排项目情况数据元三大类，每一类都包括众多数据元。

13. 环境质量监测数据元素集

环境质量监测数据元素集主要包括水环境质量监测数据元、大气环境质量监测数据元、噪声环境质量监测数据元三大类，每一类都包括众多数据元。

（六）资源规划和数据体系设计及数据库体系设计关系分析

资源规划、数据体系设计及数据库体系设计三者之间存在紧密的关系，主要是以数据资源规划为基础建立数据体系，并且利用数据资源规划的成果指导数据库体系的设计。

1. 资源规划与数据体系设计的关系

资源规划是数据体系设计的基础。在数据资源规划中将从业务需求分析出发，对不同的业务职能域进行详细的数据资源规划，得到各职能域的用户视图分析、数据流分析和数据元素集，最后整理出某省、市生态环境大数据的整体数据元素集。这样，在数据资源规划已经形成的数据元素集的基础上，结合《环境信息分类与代码》（HI/T417—2007）标准进一步完成基础业务数据体系设计。

2. 数据体系设计与数据库体系设计的关系

为了提高数据质量，形成不同粒度和层次的信息资源，数据体系不只包括基础业务数据，还包括主题数据体系、元数据体系、空间数据体系。数据体系的设计为数据库总体结构设计和分层设计提供了基础依据。根据统计分析的需求，数据体系还定义出了具体的数据主题，包括主题度量、主题维度和度量层次，为主题数据库的数据建模提供了详细数据需求。

3. 数据资源规划与数据库体系设计关系

数据资源规划将规范数据库体系设计的数据结构和数据字段组成。数据库体系设计将用户视图定义为实体大组，建立基础业务库的概念数据模型；基于遵从于 3NF 的用户视图分组登记，进一步分析实体的属性，规范化数据结构产生基础业务库的逻辑数据模型；最后进一步审核基本表的组成，将数据资源规划定义的数据元素集落实到基本表中，完成基础业务库的逻辑设计。

数据体系的设计方法，需要在数据资源规划已经形成的数据元素集的基础上，在《环境信息分类与代码》（HJ/T417—2007）标准的约束下和平台建设的系统管理需求来确定。

数据体系设计依托于《环境信息分类与代码》标准，根据业务需求分析中对各职能领域、业务过程及业务活动的分析结果，设计能够支撑平台建设要求的数据体系。在数据体系的基础上，再根据综合管理的特点，建立污染源主题域、环境质量主题域及综合主题域这三个主题分析模型，用于定义和揭示各个分析对象所涉及的业务各项数据及数据之间的联系。

二、生态环境数据体系设计

生态环境数据体系是在数据资源规划的基础上，通过对生态环境部门内部产生的业务数据资源和生态环境保护需要的外部数据资源进行分类整理，构建的一套层次清晰、规范的生态环境大数据资源体系。这套体系旨在为构建数据库体系提供有力支撑，以满足我国生态环境保护工作的需求。其数据体系包括生态环境部门内部数据分类体系和环保相关外部数据分类体系。

（一）数据分类体系梳理

在现代数据管理领域，为了实现高效、便捷的数据管理、共享和综合应用，我们需要打破传统以业务、采集方式或频率为单位的界限。我们应聚焦工作核心，深入分析影响工作成效的关键因素。通过对这些因素进行系统性的分类和归纳，我们可以构建一套层次分明、全面覆盖的信息分类体系。这将为数据共享和应用奠定坚实基础，并为目标制定提供有力的信息支持。在这个信息分类体系中，我们需要将关键因素细化为具体可操作的指标。这些指标具有时间序列化和含义统一的特点，能够将分散的数据整合为有价值的信息。基于这些指标，我们可以对各类数据进行有效组织，从而形成反映工作相关情况的统一数据主题视图。

数据资源规划是战略布局，是前瞻性工作，数据分类则是在战术层面对由于缺乏规划而造成的问题提出的修补措施。

可参考的数据分类方式主要包括如下几类：

按照数据来源：数据可被划分为环境系统内部数据和外部数据，内部数据包括污染源管理、环境质量、核与辐射、生态环境、环境保护能力以及应急管理等内容；外部数据包括社会经济数据、水文气象、城市建设等与环境息息相关的内容。

按照服务范围：数据可被划分为业务数据和辅助数据，业务数据由不同的业务管理流程（统计、监测、监督等）产生，反映了业务管理的情况；辅助性数据用来为业务数据的应用提供多元化的支持，如空间数据、公共编码数据等。

按照数据类型：数据可被划分为结构化数据、非结构化数据、半结构化数据和时序数据。结构化数据能够用用户统一的结构加以表示和存储，如统计数据；非结构化数据无法用数字或统一的结构表示，如文档、图像、声音等；半结构化数据多来自互联网抓取；时序数据具有很强的时间序列的特点，实时性要求较高。根据不同的数据类型，存储和管理的模式存在较大差别，需要在数据库体系设计中分别考虑。

针对相关数据资源的分类，按照上述方法将数据资源分为不同类别，在每个大类下，再根据数据反映的特征范围，进行细分。为了方便对数据资源的管理和组织，人们需要定义对应的编码体系，对各类数据进行标识。下面定义具体的分类编码规则，编码依托于《环境信息分类与代码》标准，并根据需要进行了一定的扩充。

（二）环境内部数据分类体系设计

针对环境内部数据进行环境内部数据分类体系进行设计，环境内部数据根据相关的环境管理业务进行划分，分为两大类：一类是基础业务数据，另一类是主题数据。

基础业务数据一般都是分散的，反映某一业务管理领域的问题，需要工作人员对数据进行加工和整合，实现数据的标准化，解决数据统计口径不一致、一数多源、冲突和冗余的问题，提高数据的准确性、可靠性、一致性和可用性，提供唯一真实可信的数据视图。

1. 基础业务数据设计

（1）环境质量管理数据。从环境质量管理业务角度出发，环境质量管理数据包括环境质量监测数据和污染防治管理数据。环境质量数据包括水环境质量的在线监测和手工监测、空气环境质量及噪声环境质量的在线监测和手工监测等。污染防治数据包括水污染防治数据、大气污染防治数据、土壤污染防治数据等。

（2）污染源监管数据。从污染源监管业务角度出发，污染源监管数据包括环境影响评价管理、排污许可、排污权交易、碳交易、监察执法、行政处罚、信访投诉等各方面的污染源管理数据。

（3）核与辐射管理数据。从核与辐射管理业务角度出发，核与辐射管理数据包括辐射源和放射源的基本信息数据、辐射环境影响评价、辐射许可证、辐射应急等。

（4）应急管理数据。从应急管理业务角度出发，应急管理数据包括风险源管理处置技术库、应急资源、事件处理等数据。

（5）生态环境管理数据。从生态环境管理业务角度出发，生态环境数据主要是生态环境保护与修复的数据。

（6）政务信息数据。从政务信息业务角度出发，政务信息数据包括行政管理数据财务管理数据、党建管理数据、机构人事管理数据、纪检监督数据等。

（7）空间数据。从空间业务角度出发，空间数据按照应用的分类包括基础地图数据和业务地图数据；从数据性质划分，包括矢量数据、影像数据和属性数据等。

（8）环境主数据及标准代码。对环境主数据及标准代码进行梳理，环境主数据信息主要包括污染源基本信息和环境质量测点信息。

标准代码数据主要包括环境保护业务中的各类标准化代码，如行政区划、行业分类、污染源类别、建设项目等，这些数据有的采用国家标准，有些采用行业标准和工程标准。

2. 主题数据设计

主题数据是根据数据分析的需要，对基础业务数据在一定层次上进行归纳和综合而形成的。主题是一个抽象的概念，对应于业务应用中某一宏观分析领域所涉及的分析对象，它在较高层次上对分析对象的数据进行一个完整、一致的描述，定义和揭示各个分析对象所涉及的业务各项数据及数据之间的联系。

主题数据主要通过维度方法进行组织，在这个方法中，根据数据应用特征，将业务数据划分为维度（dimension）和度量（measure）两种数据。维度对应的是分析角度，用来过滤、分组和标识数据，而度量对应的具体指标。维度有自己的固定属性，如层次结构、排序规则和计算逻辑等，维度通常是离散型的文本型数据，只允许有限的取值；度量是连续型的数值型数据，取值无限。例如，行政区域是一个维度数据，定义了行政区域的层次和范围，而废水排放总量则是一个度量，说明一个具体的数据，单是将度量单独拿出来是没有意义的，只有将两者结合起来，才能够确定这个数值具体的含义。在具体的应用中，基础业务数据主要面向单一业务查询，主题数据支撑综合查询和分析的需要。

（三）环境外部数据分类体系设计

环境外部数据的分类体系设计是一项重要的工作。这项工作主要针对的是环境外部数据的整理、归纳和分类，以便更好地利用这些数据为环境保护和治理提供科学依据。根据环境外部数据的来源，我们可以将其分为两大类：一是外委办局环境相关数据，二是互联网公开数据。

外委办局环境相关数据包括自然资源、住房城乡建设、交通运输、工商、税务、水利、农村农业、卫生、林业、气象等部门和单位的数据。这些数据涵盖了我国环境保护工作的方方面面，从自然资源的合理开发利用，到住房城乡建设中的绿色环保要求，再到交通运输领域的低碳出行，都体现了我国在环境保护方面的决心和努力。此外，工商、税务等部门的数据也对于了解企业环保责任和税收政策具有重要意义。

互联网公开数据也是环境外部数据的重要组成部分。这些数据主要包括环保相关公开数据和气象公开数据。环保相关公开数据有助于公众了解环境状况、污染物排放情况以及环保政策执行情况，从而增强环保意识，参与到环境保护行动中来；气象公开数据则对于预测和分析气候变化对环境的影响，以及制定相应的应对措施具有重要作用。

三、生态环境数据库体系设计

（一）数据库设计思想

数据库设计作为构建数据库及其应用系统的基础和关键，需在特定应用环境下，构建适宜的数据库模式，搭建数据库应用系统，高效存储数据，并满足用户多样化的应用需求。数据库设计理念主要涵盖以下四个方面：

1. 需求驱动

在数据库建设过程中，数据库始终要满足业务管理、信息共享和面向高层决策的需求。

2. 围绕数据

数据是数据库建设最重要的资源。在数据库系统建设中采用数据整合的方式，进行数据的采集、处理、汇总、整理、比对、利用、共享和交换。针对具体的数据体系，建设不同结构的数据库。

3. 合理性

数据库设计需要整合各部委及各省相关部门已有的信息数据，同时结合成熟的数据仓库建设方法论，将系统的安全性、稳定性、技术成熟性、系统可扩展性都考虑在设计之中，满足数据库建设的合理性要求。

4. 可行性

采用最成熟和先进的设计理念搭建数据库的同时，采用先进成熟的平台技术，使整个数据库体系的建设具有可行性、前瞻性的特色。

（二）基础业务库建设

基础业务库是为实现全量业务数据的统一存储，为主题库及专题库提供标准、明晰的数据。基础业务库的数据表结构需要与生产库的数据表结构保持一致，主要包括固定源、环境质量、核与辐射、自然生态环境四方面的数据存储。以大气环境自动监测数据库为例，其数据库包含实现大气环境站点、城市站点各污染物的小时、日监测数据，即站点名称、站点类型、污染物名称、监测时间、污染物浓度数据项存储。

（三）主题库建设

基础业务库只对生态环境各来源数据进行简单汇聚、整合，其结构变化大、不稳定，也没有过多的数据加工处理，对业务应用的支撑明显不足。当前，实际的业务分析场景往往集中于水环境、大气环境、土壤环境、污染源定源监管和自然生态、辐射监管等核心业务管理领域。因此建立面向业务主题的、结构稳定的、分析指标丰富积淀的业务主题库是必要的。在不断完善建设主题库的同时，为核心业务的分析应用、价值挖掘提供有力的数据支撑。

以大气环境应用分析需求为导向，构建空气质量监测数据、空气质量预报数据、气象监测与预测数据、站点与区域基本信息大气环境主题库，为大气环境主题分析、跨业务领域的综合分析提供稳定数据结构与指标支撑。

空气质量监测主题库包括 PM2.5、PM10、SO_2、NO_2、CO、O_3 等浓度值、AOI 指标以及时间、行政区、站点维度存储建设。

空气质量预报数据主题库包括未来五天 PM2.5、PM10、SO_2、NO_2、CO、O_3 等浓度预报值、AQI 指标以及时间、行政区、站点维度存储建设。

气象监测数据主题库包括温度、湿度、气压、风速、风向数据及时间行政区、站点维度存储建设。

气象预测数据主题库包括温度、湿度、气压、风速、风向预测数据及时间、行政区、站点维度存储建设。

站点和区域基本信息主题库包括实现区域、站点基本信息数据的存储建设。

（四）标签库建设

标签库是一种面向对象建模的方法，其目的是将对象的各种标识整合并统一，以便在同一粒度基础上组织跨业务板块和数据域的对象数据，并将其应用于对象。标签建设的意义在于，一是它使数据更具可读性和易于理解，从而方便业务应用；

二是通过标签类目体系对标签进行组织和排列，以适应未来业务场景的变化需求，提高其适用性。以固定源这类对象的标签建设为例，包括固定源基本特征标签、固定源排放行为特征、固定源监管行为特征三个方面。其中，固定源基本特征标签为标签数据的存储提供高效的存储结构环境。

（五）专题库建设

专题库是基础业务库和主题库的延伸，专题库存储与专项业务相关。来自不同资源、不同主题的数据，服务于专门领域的业务应用。将分散在各业务数据表中的要素提取出来，根据生态环境对象要素、要素特征等进行专题搭建，最终形成专题库。

专题库设计面向生态环境管理常态与非常态业务需求，通过将基础业务库主题库数据进行二次抽取装载的方法重新组织数据，并按照不同领域专题应用的需求重新整合形成专题库。

专题库的建设完全依托于实际应用，其根据应用的需要量身创建快速查询、快速搜索的数据库和索引库。专题库要求伸缩性强，能够灵活快捷地被创建和加载，为用户业务系统提供最大程度、最快捷高效的数据支撑。专题库的设计步骤如下：

（1）调研业务应用对数据内容、使用方式、性能的要求，需要明确业务应用需要哪些数据，数据是怎么交互的，对于请求的响应速度和吞吐量等有什么期望。

（2）盘点现有主题库、标签库数据是否满足业务数据需求，如果满足则直接组装应用层数据；如果有个性化指标需求，主题库、标签库数据无法满足，则进行个性化数据加工。

（3）组装应用层数据。组装考虑性能和使用方式，比如应用层是多维的自由聚合分析，那就把统一标签数据层和个性化加工的指标组装成大宽表；如果是特定指标的查询，可以考虑组装成 K-V 结构数据。

（六）公共基础库建设

公共基础库中存储环境业务最核心的公共基础信息，包括固定源主数据和公共代码数据。

固定源主数据，包括固定源编码、固定源名称、统一社会信用代码、法人代表、地址、经度、纬度等基础核心信息，是实现固定源身份的唯一标识。固定源主数据库的建立为固定源基础信息管理提供统一、准确的共享视图，是一源一档形成的基础。

公共代码库主要对各类业务实体统一编码信息，如对行政区、流域、水环境质量污染物类型、大气环境质量污染物类型等公共代码进行存储。

（七）元数据库建设

元数据库用来存储业务数据结构及管理属性信息，例如汇聚接入数据的数据表、数据项元数据的存储建设，从而满足用户的数据资源类别、结构的查询需求。按基础库业务数据类别进行元数据库类别的建设。

四、生态环境资源目录体系设计

（一）业务分类体系目录设计

业务分类体系目录是结合政务信息资源目录编制工作要求，以原环保部发文《环境信息分类与代码》HJ/T417—2007 为编目基础，将环境管理各类数据资源归类到所建编目，梳理形成的完整资源体系编目。数据资源服务提供标准化的业务分类体系目录服务，实现将现有资源快速整理并搭建起按环境管理业务角度完整编目的资源手册的目标。

（二）组织机构分类体系目录设计

组织机构体系目录依照用户的实际生态环境厅/局组织架构，建设组织机构分类编目，并将各类数据资源归类到所建编目中。数据资源服务提供标准化的组织机构分类体系目录服务，此分类将数据与部门的隶属关系清晰呈现，进而能够实现将手中资源快速整理并搭建起按业务体系完整编目的资源手册的目标。

（三）环境要素目录设计

为了更好地从整体性、综合性、关联性方面对信息资源进行归类，人们可以按照生态环境管理要素对信息资源分类：一级分类包含水、海洋、大气、气候、声、土壤、固废、生态、核与辐射、污染源等大类；二级分类按管理要素进行再分类，如水要素下再分地表水、地下水、饮用水等管理要素；三级分类按数据属性进行分类，如地表水下面分监测、评价、防治等。

第二节　生态环境信息资源治理

生态环境信息资源治理是指落实信息资源治理的一系列具体行为，包括数据标准管理、数据模型管理、元数据管理、主数据管理、数据质量管理、数据安全管理、数据价值管理七个方面。

高度重视信息资源的管理、运营和流通，不仅能为未来创造丰厚的经济收益，同时也是确保数据保值增值的关键途径。信息资源的流通对于推动数据价值创造模式的持续创新和根本性改变政府治理发展趋势具有至关重要的作用。

一、信息资源治理总体框架

如图5-2-1所示，数据资源治理总体框架包含7个管理职能和5个保障措施。

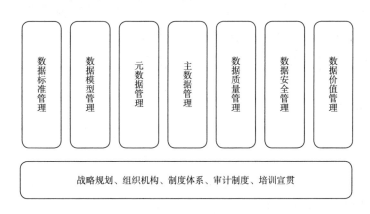

图5-2-1　数据资源治理总体框架

管理职能是指在组织中负责规划、组织、协调和控制信息资源治理工作的相关人员所承担的职责。这些职责旨在确保信息资源得到有效利用、保护和安全，以满足组织目标和战略需求。

在当今信息时代，数据已成为企业或组织核心竞争力的重要组成部分。信息资源治理实践中的各项管理职能，如数据模型管理、数据质量管理、元数据管理、数据安全管理以及数据标准管理等，相互之间存在着紧密的联系，共同为企业的数据治理提供有力的支持。

数据模型管理是信息资源治理的基础，它主要负责为主数据、元数据和业务数据设计提供数据模型。数据模型是描述企业数据资产的框架，可以帮助企业更好地管理和利用数据。数据模型管理的目标是确保数据的一致性、准确性和完整性，以便为企业各类业务场景提供可靠的数据支持。数据质量管理按照数据标准的规定，对数据模型管理产生的各部分数据内容进行稽核。数据质量管理旨在确保数据质量达到预设的标准，包括数据的准确性、完整性、及时性、一致性和可用性等。通过数据质量管理，企业可以提升数据的价值，为业务决策提供更有力的依据。元数据管理在信息资源治理中起到承上启下的作用，它承接数据标准管理和数据模型管理的阶段性成果，同时为主数据管理提供有力支撑。元数据是描述数据的数据，它包含了数据的定义、格式、来源、权限等信息。数据安全管理贯穿数据的全生命周期，为信息资源治理各项管理职能提供了有力的保障。数据安全管理主要关注数据的保密性、完整性和可用性，通过制定相应的政策和措施，降低数据泄露、篡改等风险，确保数据的安全可控。数据标准管理是定义数据模型、数据安全和数据质量相关规范的过程。它规定了数据的格式、内容和交换标准，为企业内部和外部数据交流提供了统一的规范。

二、数据标准管理

（一）治理内容

数据标准是对数据内外部使用与交换一致性和准确性的规范性约束，主要包括基础类数据标准和指标类数据标准。基础类数据标准涵盖参考数据与主数据标准、逻辑数据模型标准、物理数据模型标准、元数据标准、公共代码及编码标准等方面。而指标类数据标准则可分为基础指标标准和计算指标（又称组合指标）标准。

数据标准管理旨在通过统一的数据标准制定与发布，结合制度约束、系统控制等方法，确保数据的完整性、有效性、规范性，促进数据共享与开放，构建统一的信息资源地图，为信息资源治理活动提供参考依据。

（二）典型管理示例

1.数据标准信息项管理

数据标准信息项管理是对业务系统数据源的配置维护、公共代码的维护资源中心公共代码的分类规则遵照中华人民共和国环境保护行业标准 HJ/T417—2007《环境信息分类与代码》的分类方式和代码。资源中心涉及的公共代码类目在环境业务分类标识的基础上，从信息资源规划对信息分类的标识角度，对具体代码类目进行分类标识。

2.数据标准信息项服务

提供数据标准信息项服务，各业务系统可通过该功能获取数据标准信息项信息，并可通过文本、接口、样例库的方式获取标准信息项。

3.数据标准项主动校核

提供对各数据来源的数据标准项主动校核，对数据标准项校核任务进行配置管理，包括对校核系统的配置、校核类型的配置、代码表、业务表的校核配置并生成检查报告，进行统计分析。

三、数据模型管理

数据模型是现实世界数据特征的抽象，用于描述一组数据的概念和定义。数据模型从抽象层次上描述了数据的静态特征、动态行为和约束条件。数据模型所描述的内容有三部分：数据结构、数据操作（其中 ER 图数据模型中无数据操作）和数据约束。这三部分形成数据结构的基本蓝图，也是信息资源的战略地图。数据模型按不同的应用层次分成概念数据模型、逻辑数据模型、物理数据模型三种类型。

概念模型是一种面向用户、面向客观世界的模型，主要用来描述现实世界的概念化结构，与具体的数据库管理系统无关。

逻辑模型是一种以概念模型的框架为基础，根据业务条线、业务事项业务流程、业务场景的需要进行设计，面向业务实现的数据模型。逻辑模型可用于指导在不同的 DBMS 系统中实现。逻辑数据模型包括网状数据模型、层次数据模型等。

物理模型是一种面向计算机物理表示的模型，描述了数据在储存介质上的组织结构。物理模型的设计应基于逻辑模型的成果，以保证实现业务需求。它不但与具体的 DBMS 有关，而且还与操作系统和硬件有关，同时考虑系统性能的相关要求。

数据模型管理是指在信息系统设计时，参考业务模型，使用标准化用语单词等数据要素来设计数据模型。在信息系统建设和运行维护过程中，数据模型管理要求严格按照数据模型管理制度，审核和管理新建数据模型。数据模型的标准化管理和统一管控，有利于指导数据整合，提高信息系统数据质量。数据模型管理包括对数据模型的设计、数据模型和数据标准词典的同步、数据模型审核发布、数据模型差异对比、版本管理等。

数据模型是信息资源治理的基础，一个完整、可扩展、稳定的数据模型对于信息资源治理的成功起着重要的作用。通过数据模型管理，我们可以清楚地表达内部各种业务主体之间的数据相关性，使不同部门的业务人员、应用开发人员和系统管理人员获得关于内部业务数据的统一完整视图。

四、元数据管理

（一）治理内容

元数据（Metadata）是描述数据的数据。元数据按用途不同可以被分为技术元数据、业务元数据和管理元数据。

元数据管理是信息资源治理的关键组成部分，它致力于确保信息的准确、高效和高质量。下面将从六个角度对其进行详细阐述，这六个角度分别代表着元数据管理的不同方面：

第一，"向前看"。这部分主要关注元数据是如何创建和加工的。在这个过程中，我们需要了解是谁负责加工这些元数据，以便我们能追踪到信息的源头，确保其质量和准确性。第二，"向后看"。这部分关注的是元数据所支持的加工过程。了解这一点有助于我们了解元数据在信息加工过程中的作用，以及它如何助力其他部门或个人完成他们的任务。第三，"看历史"。这部分着眼于过去元数据的变化和演化。通过对历史数据的分析，我们可以了解到元数据是如何随着时间推移而发生变化的，这对于我们改进元数据管理策略具有重要意义。第四，"看本体"。这部分主要关注元数据的定义和格式。了解这一点有助于我们更好地理解和利用这些数据，从而提高信息资源的管理效率。第五，"向上看"。这部分关注元数据的父节点，即元数据在信息架构中的位置。了解这一点有助于我们了解元数据在整个信息架构中的作用，以及它与其他元数据的关系。第六，"向下看"。这部分关注的是元数据的子节点，即元数据所支持的其他元数据。了解这一点有助于我们了解元数据在信息资源管理中的传递和扩展过程。

（二）典型管理示例

1. 元数据目录维护

元数据目录维护实现对元数据目录分类的管理维护功能。

2. 元数据采集

基于关系数据库适配器，元数据采集系统能够定时自动地获取关系数据库中的元数据，以确保元数据的实时更新。元数据采集功能包括数据源管理、采集任务管理以及采集日志管理。采集范围涵盖 Oracle、DB2、SQL Server 等关系型数据库的库表结构等元数据信息。

3. 元数据维护

元数据维护实现对元数据基本信息、属性的修改维护操作。相关技术人员通常都会使用此功能查看元数据的基本信息，这也是一种管理手段。

4. 元数据评分

元数据评分基于不同权重规则实现对元数据质量的评估打分，评估各个系统的元数据的质量情况。

5. 元数据版本管理

元数据版本管理致力于对元数据进行全方位的生命周期管理。在这个过程中，发布、删除以及状态变更等操作都有严格的流程约束，以确保元数据的质量能够得到保障，使后续在使用元数据系统时，能够确保其具有一定的权威性。

6. 元数据校核

元数据校核实现对指定元数据基准版本与对比版本的元数据内容校核，通过校核可发现表元数据的增加、减少、修改、不变等情况，同时提供差异脚本下载功能。

7. 元数据服务

元数据服务包括元数据查询服务、元数据接口服务功能。元数据查询服务根据搜索条件，查询符合条件的元数据内容。

五、主数据管理

（一）治理内容

主数据是对核心业务实体进行描述的关键数据。这类数据以核心业务对象和交易业务执行主体为核心，贯穿整个价值链，被多个业务流程重复和共享应用。同时，主数据还横跨各个业务部门和系统，具有高价值的特性。

主数据管理是一种全方位的数据管理策略，它通过一系列规则、应用和技术，对核心业务实体相关的系统记录数据进行高效协调和统一管理。在企业运营过程中，数据作为核心资产，其准确性和一致性至关重要。主数据管理旨在解决这一问题，使各系统之间可以共享一致、权威的数据，从而降低成本、简化流程、提高工作效率。

环境领域对固定源主数据进行全面管理，提供固定源基本信息质量检查标准源生成、智能补值、固定污染源去重、固定污染源匹配、固定污染源赋码标准源结果生成管理服务。

（二）典型管理示例

以固定源主数据管理为例说明主数据管理过程。

1. 主数据结构管理

对主数据结构进行维护。面向信息管理部门，提供手工维护污染源档案信息、环境质量档案信息功能，为建立标准的一源一档提供支撑。污染源主数据主要维护企业信息项、污染源信息项。环境质量测点主数据管理主要管理维护环境测点基本信息、位置信息等信息项。

2. 主数据信息管理

主数据信息管理是指提供对固定源基本信息、产品及原辅材料、生产设备、治理设施、排口信息、监测设备、数采仪信息、资质文件管理等固定源主数据信息的维护管理。污染源主数据信息管理能够实现对污染源主数据结构管理中设定的信息项内容进行维护管理，包括污染源名称、污染源编码、污染源地址、所属行业等内容信息。

提供对环境管理数据进行管理，环境管理属性配置包括属性名称、属性类别、公共代码类别以及环境管理属性状态情况。用户通过对环境管理属性进行配置，即可进行环境管理数据的管理。

3. 主数据治理及初始化

通过固定源数整合匹配、清洗治理实现不同来源的生成唯一的、准确的统一固定源主数据信息，为每个业务部门提供统一的固定源主数据服务。主数据治理及初始化包括污染源基本信息质量检查、标准源生成、智能补值、污染源去重污染源匹配、污染源赋码、标准源结果查询等治理内容。

4. 主数据动态更新

主数据动态更新主要是解决各类固定源业务数据在日常变更过程中，如何继续与固定源基础信息库中的信息保持统一，从而确保固定源各类业务数据动态关联。变更数据来源一般与主数据初始化范围保持一致，为各类重点管理可信度高固定源业务数据，一般为排污许可系统、在线监控、环境统计、监督性监测等。

为保持各业务系统固定源主数据信息保持统一，非国发系统应该通过系统改造，本系统提供更新服务接口，以实现动态更新；国发系统因无法改造，本系统提供自动或人工匹配使更新功能。

5. 主数据共享服务

主数据服务内容包括固定源基本信息、产治排信息，以接口服务方式为其他业务系统提供给其他固定源业务系统进行访问，包括查询服务接口和更新服务接口。

六、数据质量管理

（一）治理内容

随着数据规模的不断扩大，数据质量问题日益凸显。如何提高数据质量，确保数据的准确性、完整性和及时性，成为制约大数据产业发展的关键因素。数据质量管理正是针对这一问题应运而生，它通过一系列规划、实施与控制活动，确保数据质量的不断提升，为信息资源治理提供有力支持。

数据质量管理的第一步是制定数据质量方案和规则。这一环节涉及对数据质量的定义、数据质量指标体系的构建、数据质量标准和阈值的设定等方面。通过明确数据质量的要求，为后续的数据质量检查和评估提供依据。数据质量检查评估是数据质量管理的核心环节，主要包括对数据质量的监测、检查、审计和评估。通过对数据质量指标的逐一分析，发现数据质量问题，并定位问题根源，为数据质量改进提供指导。数据质量报告输出功能则是将数据质量管理的结果以报告形式展现出来。这使人们既可以及时了解数据质量管理工作的成效，又为下一阶段的数据质量改进提供依据。

（二）典型管理示例

1. 数据质量评估方案管理

基于数据质量评估规则定义和检查方案的管理，系统通过内置的调度引擎。实现对数据质量的具体的评估管理功能，实现源端数据、目标端数据的质量评估。通过加强数据质量校验规则，可以从数据的一致性、引用完整性、记录缺失、重复数据、空值检查、值域检查、逻辑校验、及时性检查、规范性检查等多方面对所有环境数据质量进行全面的体检，并定期出具检查报告，确保数据质量可靠。

（1）检查方案管理。用户可以根据不同业务的主要数据问题情况，灵活配置针对性的数据质量评估方案。各类业务数据可以根据数据特征个性化配置检查规则体系、评估内容、干预节点和评估周期等形成完整的评估方案，更加精确有效的评估数据质量。

每个评估方案的管理信息包括方案的基本配置信息、规则体系和执行日志。

（2）检查规则管理。系统内置大量的数据质量评估规则。在具体的方案中，工作人员可以具体设置评估规则的数据源、数据表、数据字段及其他相关规则参数，从而可以快速对数据质量进行检查评估。

相关的检查规则包括一致性、引用完整性、记录缺失、重复数据、空值检查、值域检查、逻辑校验、及时性检查、规范性检查、大数据分析检查规则等。根据各类业务数据的关联比对分析判断，对实际业务工作规则进行不断的优化、细化和更新。

（3）检查调度管理。检查调度管理是指提供对针对各类业务数据已经配置好数据质量检查方案的执行进行调度管理，包括方案运行任务的启停、执行结果和执行报告的生成管理。

2. 数据质量监控

数据质量监控可以提供对各类数据质量评估结果的监控，包括规则的运行结果和方案的综合评估结果。工作人员可以通过执行报告和执行结果监控检查方案运行状态是否正常、各规则执行结果异常情况。

3. 数据质量评分

数据质量评分是指依托质量评估结果，提供对方案的运行结果的打分评估，包括方案运行时间、报送数据量、问题数据量、问题数据占比、评分等信息，让用户全面获取数据质量情况。

4. 数据质量报告

为用户更全面、快捷地了解数据质量评估成果，数据质量报告可以提供质量评估报告、质量绩效报告、质量监控报告三类报告的输出，极大满足用户对数据情况的实时掌握需求。

七、数据安全管理

（一）治理内容

数据安全管理的目标是建立完善的体系化的安全策略措施，全方位进行安全管控，通过多种手段确保信息资源在"存、管、用"等各个环节中的安全，做到"事前可管、事中可控、事后可查"。通过对数据的安全等级设定，相关法案及监督要求的遵循，数据安全风险的评估，数据安全管理制度规范的制定，数据安全分级分类的实施，以及数据安全管理相关技术规范的完善，全方位保障数据安全。

（二）典型管理示例

1. 使用痕迹跟踪

用户行为痕迹跟踪用来跟踪和记录用户行为，包括访问服务和操作。用以了解系统异常状况与用户行为的关系，便于定位问题。记录的信息包括：用户信息、操作时间、操作类型等。

2. 数据权限管理

数据权限管理允许管理员对用户的数据设置访问权限，如读、写权限进行设置。当用户请求数据访问时，对用户身份进行鉴别，并根据其身份和数据访问权限，对其数据访问操作进行限制。

八、数据价值管理

数据价值管理是一种系统性的方法。从度量价值的角度出发，通过对数据连接度、数据质量、数据稀缺性、时效性和应用场景经济性等方面的评估，企业可以优化数据服务应用方式，最大程度地挖掘数据应用价值，为业务发展和创新提供有力支持。在实践过程中，企业需关注数据价值管理的持续优化，以应对不断变化的市场环境和业务需求，助力我国数据经济的繁荣发展。

第三节 生态环境信息资源共享

在生态环境信息资源治理基础上，深入分析环境管理部门内部、外委办厅局以及企业公众对生态环境信息资源的共享需求，以及信息资源的共享流程共享方式和服务内容，通过多类型、多维度、多方式、多主题、可定制化的数据共享服务，满足各级用户对资源查询统计、即时调用、分析展现的不同需求。

一、信息资源共享需求

信息资源共享需求主要来自环境内部、外委办厅局以及企业公众。环境内部业务部门在日常工作管理、大数据应用分析中需要其他部门数据支撑或是公共数据的使用需求较多；外委办厅局数据需求一般面向信息化负责单位提出由该负责单位向其提供数据服务接口，同时响应信息公开要求，面向企业、公众发布环境信息服务。

二、信息资源共享流程

（一）服务请求

1. 从生态环境数据中心库获取

生态环境信息共享资源直接从生态环境数据中心库获取发布信息。

2. 录入或导入

若要发布的信息难以从生态环境信息资源数据库中获得，那么我们可以选择利用数据共享服务平台进行手工录入或导入，以确保信息的准确性和完整性。

（二）服务审核

生态环境信息共享的服务审核将遵循"谁发布，谁负责""谁审核，谁负责"原则。发布数据时，同时发布相应的元数据或文档说明，包括标识信息、覆盖范围信息、内容信息、维护信息、限制信息、数据质量信息、分发信息和元数据描述信息。

（三）服务发布

1. 自动发布

数据自动发布的流程包括以下几个步骤：第一，须设定数据审查准则；第二，由生态环境信息资源库自动推送待发布信息；第三，依据数据审查准则对拟发布信息实施自动审核，若检测到冲突，则通过短信、邮件或消息等方式发出警示；第四，符合数据审查准则的信息将自动发布至指定范围。

2. 主动发布

基于外网的生态环境信息资源共享发布流程如下：首先，从十大类环境信息获取数据源；其次，对拟发布的环境信息进行采集、整理、加工，提取核心元数据；最后，经过数据共享服务平台处理后的数据，连同环境信息全文，通过互联网以内网发布、专网发布或外网发布的形式向用户提供检索、浏览和下载的服务。

（1）生态环境部门内网信息发布。内网发布按如下工作流程进行：内网发布的无条件共享的信息须经本单位负责人审签后自行发布；有条件共享的信息由本单位负责人初审，再报请相关部门审签后发布。

（2）环保专网信息发布。环保专网信息发布按照以下工作流程进行：首先，发布信息需要经过本单位负责人的审签后方可自行发布；其次，对于有条件共享的信息，需要本单位负责人进行初审，然后报请相关部门审签后才能发布；最后，信息中心负责将涉及生态环境的各单位和各部门的信息上传至地方数据共享交换平台。

（3）外网信息发布。外网发布的工作流程如下：首先，主动公开的信息需要经本单位负责人审签后方可自行发布；其次，对于依申请公开的信息，需要本单位负责人进行初审，然后报请相关部门审签后发布，同时将信息交由信息中心进行存档。

（四）资源申请

个人或单位对资源提供部门发布的无条件共享的生态环境信息资源共享 API 接口调用权限，需向信息中心发工作协调单；对有资源提供部门发布的条件共享或者不予共享的生态环境信息共享资源，需要向有关部门发函并向资源提供部门提出申请。

1. 申请受理阶段

在申请受理阶段，个人或单位根据申请共享程度类型的不同，分别提交相应的资料，如《工作协调单》或者《生态环境信息资源申请函》。资源提供部门采取相应的方式对申请人和资料进行核对，从形式上对申请的要件是否完备进行审查，对于要件不完备的申请予以退回，并要求申请人补齐资料。

2. 意见反馈阶段

在意见反馈阶段，资源提供部门或者信息中心在一定期限内办理审批事宜，同时出具审批意见。

3. 信息发布阶段

在信息发布阶段，对审批通过的申请，资源提供部门将根据掌握信息的实际状态和申请要求提供并发布生态环境信息共享资源。

三、信息资源共享方式

生态环境信息资源整合共享通过数据交换平台数据库服务和 Web 服务接口向部、省、市等各级生态环境部门以及外委办厅局提供业务数据共享服务。

（一）数据库服务

数据交换平台通过数据库服务对外提供数据共享，数据库服务指由数据库平台和开发语言平台本身提供的相关的数据库 API 接口，包括数据中间库、文档中间库两种方式。

数据中间库：通过数据交换平台将数据推送至数据中间库，业务系统通过访问数据中间库实现数据的共享使用；在网络不通的情况下，将数据中间库部署在交换前置机中实现数据的共享。

文档中间库：通过数据交换平台将非结构化文档推送至文档中间库，并提供文件的 URL 地址，业务系统通过 URL 地址实现文件的下载和使用。

（二）Web 接口服务

将用于共享的各类数据发布成 Web 服务，并向业务系统方提供 Web 服务说明文档，业务系统方通过调用 Web 服务获取所需数据。

Web 服务接口包括 web service 接口、rest 接口等形式，需要在环境数据资源中心的数据服务平台上进行注册并发布，通过数据服务平台进行权限控制运行监控等。各业务系统通过调用 Web 服务，实现数据共享。调用方式分为 web service 接口调用和 rest 接口调用

1.web service 接口

采用 web service 接口的形式对外提供服务，采用基于 HTTP 的 SOAP1.2 协议。

2.rest 接口

采用 rest 接口形式对外提供服务，基于使用 HTTP、URI、XML（标准通用标记语言下的一个子集）以及 HTML（标准通用标记语言下的一个应用）的协议和标准。

四、信息资源共享服务内容

生态环境大数据资源中心依托大数据资源中心数据成果以及模型、分析等服务能力，结合用户实际数据需求，向用户提供多类型、多维度、多主题、可定制化的数据共享服务，满足用户对资源查询统计、即时调用、分析展现需求。

根据实际业务需求，面向生态环境管理部门、外委办厅局和下级单位，共享内容包括大气环境、水环境、土壤环境、固定源和自然生态等信息资源。

（一）数据 API 服务

1.面向生态环境部门数据服务

（1）公共代码查询服务。为了实现平台代码统一化建设，生态环境大数据

资源中心提供查询所用全部公共代码的服务。公共代码包括流域代码、行政区代码、流域 21 类公共代码，是国家或行业标准的基础公用代码。

（2）水环境数据查询服务。水环境质量数据查询服务提供监测数据查询、水功能区监测查询、黑臭水体基本情况、饮用水源相关数据情况查询。污染管控数据查询服务提供控制单元、入河排污口、排放清单相关数据查询。

（3）大气环境数据查询服务。大气环境数据查询服务提供满足数据共享、数据分析应用的大气环境站点基本信息、站点、区域监测、预测数据以及目标考核、排名分析等分析数据查询服务。

（4）土壤环境数据查询服务。土壤环境数据查询服务提供污染地块管理数据、重点监管单位、土壤环境质量、地下水环境、专项资金项目、重点行业企业调查相关数据查询服务。

（5）自然生态数据查询服务。提供生态环境系统状况、生态环境指数、生物多样性数据查询服务；提供三线一单包括综合管控单元、生态保护红线、水环境管控分区、大气环境管控分区、土壤污染风险管控分区、资源利用上线相关管控单元信息查询服务。

（6）固定源查询服务。固定源主数据信息查询服务包括污染源地址、名称、所在行政区、经纬度、组织机构代码主数据内容。其向用户提供废水固定源、废气固定源年度排放数据、区域汇总排放量数据查询服务。

2. 面向外委办厅局数据服务

根据实际业务需求，生态环境大数据资源中心面向外委办厅局提供管理范围内的大气环境、水环境、土壤环境、固定源、自然生态数据查询服务。

3. 面向下级单位数据服务

根据实际业务需求，生态环境大数据资源中心面向下级单位提供管理范围内的大气环境、水环境、土壤环境、固定源、自然生态数据查询服务。

（二）数据资源目录服务

1. 数据集查询

数据集是指一类业务工作所产生的业务数据的集合，如空气质量监测日报。数据资源服务主要对各类数据集进行整理和编目，以便于用户快速准确地获取所需的信息。为了方便日常工作中的查询需求，我们提供了统一的数据集查询服务。

数据集查询服务基于分类体系目录，这一体系将各类数据集按照业务领域、数据类型、时间范围等多个维度进行分类。在实际应用中，数据集查询服务可以帮助环境监测、环境监察等领域的从业人员快速获取所需的业务数据。

2. 指标查询

使用指标查询可以较为明晰地获得数据，有指向性地查询，使得用户可以获得高效率的阅读体验。

3. 元数据查询

元数据是用于描述数据集的特性和信息的数据，它为用户提供了一个全面的、多角度地了解数据集的途径。一般来说，元数据主要包括以下几个方面：数据集名称、数据集编码、数据集摘要、所属系统名称、数据集提供单位、共享方式等元数据的内容。

（三）智能检索服务

全部类型数据资源检索功能是指在输入关键词后，系统根据关键词进行查询，搜索结果包括报表、文档、污染源档案、地图等类型数据。同时，智能检索服务向用户提供针对不同数据类型的专题查询服务，目的在于为用户提供更为有效的检索服务。智能检索服务内容主要包括报表专题检索、文档专题检索、管理对象专题检索以及地图专题检索，典型示例如下：

1. 智能检索管理

生态环境大数据中心通过对资源入库过程进行控制，按不同资源类型，实现资源进行标签化管理建立元数据管理体系。对应每类资源的元数据管理体系，定义各类资源的标签体系。在资源初始化过程中，完成标签体系的建立，完成对标签内容进行提取。

（1）目录体系管理。智能检索服务提供目录的查询删除功能。系统根据过滤条件查询目录，查询内容包括主题、标题、数据类型、业务类型、分组名称、快速分类等。

（2）目录树管理。智能检索服务提供目录树管理，提供节点的查询、新增、添加、编辑、删除功能，查询出的节点列表包括代码、名称、过滤条件、所属行政区等内容。

（3）项目任务管理。智能检索服务提供任务的全部更新、增量更新、编辑、删除功能。系统根据任务代码任务名称、分组名称、导入类型、业务类型、数据来源查询任务，任务列表包括任务代码、任务名称、导入类型、业务类别、分组名称等内容。

（4）词库管理。为满足智能检索工具更好的理解用户输入的自然语言检索内容，系统建设包括集成通用词汇以及专业词汇形成检索词文本训练库。生态环境大数据中心会对检索词库进行定期的维护和升级。

2. 全部资源检索

智能检索服务提供全部类型数据资源检索功能，输入关键词，系统根据关键词进行查询搜索结果，包括报表、文档、污染源档案、地图等类型数据。

（1）单条检索结果展示。系统对于每条查询结果，提取其核心要素与主体内容，以便于页面展示。展示单条检索结果的名称、摘要、访问次数、数据来源、更新时间。

（2）检索结果聚合。为了避免查询页面被大量相似检索结果所充斥，我们对同一业务类型或相关性较高的单条检索结果，采用聚类分组展示的方式进行整合呈现。聚类的数据类型以结构化数据和地图为主。

（3）快速分类。系统对查询出的全部检索结果进行统计，汇总业务相同的检索结果，除提供按照"全部"内容进行查询以外，还提供查看与某一类业务（例如：信访投诉）相关的检索结果。

（4）热词推荐。热词推荐是指对于全部用户检索词进行记录当用户输入检索词时，推荐给用户与此检索词相似度高的高频检索词汇。

（5）智能小窗口。依据关键词，对特定的查询关键词提供独立小应用。例如：查询"污染源"即可展现出与"污染源"三字匹配的全部检索结果外，还会出现支持对污染源进行检索的多条件检索小窗体；查询"水质"即可展现与"水质"二字匹配的全部检索结果外，还会展现本周全省地表水水质状况分析结果小窗体。

（6）管理对象统计。提供针对环境管理对象的个数统计，管理对象包括：排污企业、污水处理厂、水质监测断面等对象。例如用户查询"污水处理厂"，即可统计出全省到底有几家污水处理厂。

3. 专题资源检索

专题检索提供针对不同数据类型的查询服务，目的在于为用户提供更为有效的检索服务。专题资源检索内容包括报表专题检索、文档专题检索、管理对象专题检索以及地图专题检索。

（1）文档专题检索。系统提供文档类型数据检索。文档模块用于让用户方便快捷地查询到资源中心中所涵盖的所有文档类型资源。目前文档中心支持Word、PDF、Excel等微软办公软件生成文档，并且支持图片格式文件查询。与数据模块类似，用户可通过文档分类进行筛选，也可以输入任意的关键词进行查找。同时，用户可在线浏览或下载，对于不适合在线浏览类型的文档，如rar、zip等，提供直接下载功能。

（2）报表专题检索。系统提供报表类型数据检索，针对全部报表类型数据进行检索。报表的摘要取自原自带的报表描述字段。若原报表无描述字段，则描述由手工编订后，统一入库，作为查询结果的描述字段进行展示。

（3）管理对象专题检索。系统提供针对环境管理对象的专题检索，管理对象包括：排污企业、污水处理厂、水质监测断面等对象。

（4）地图专题检索。系统提供地图类型数据检索，以地图形式对检索结果进行展现，并支持在GIS（地理信息系统）平台上。

（5）服务专题检索。针对服务接口，系统支持专题检索。

4. 资源整理与初始化

智能检索平台资源内容的建设指的是对所有需要被检索到的资源创建索引的过程。

（1）结构化数据初索引创建。每张数据表中的结构化数据，均需创建对应的索引抽取任务。

结构化数据的摘要需要通过SQL语句实时查询生成，每个结构化数据索引创建任务通过指定摘要拼写规则来编写对应的SQL。

（2）文档索引创建。文档索引创建是指对于要展示的全部标准规范文档，以及生态环境大数据支撑平台其他模块所存储的全部文档（例如资源目录），包括：Word、Excel、PDF、JPG、HTML等格式，统一执行索引抽取任务。

通过对文档的名称、正文内容的遍历，建立索引内容以及查询时所显示的摘要信息。

（3）报表索引创建。报表索引创建是指对于资源目录所发布的全部数据集作为报表在智能检索中创建索引。继承数据集的全部元数据，并补充分组名称、快搜分类等内容作为报表索引内容。

（4）污染源档案索引创建。污染源初始化服务分为重点固定污染源智能检索初始化服务和一般固定污染源智能检索初始化服务2个阶段。①重点固定污染源智能检索初始化服务。重点固定污染源名单来自对环境税数据、已发排污许可证数据、年度重点排污企业名单数据进行比对而形成的企业名单集合，初始化服务包括对重点污染源身份库、污染源档案进行打标签工作。②一般固定污染源智能检索初始化服务。一般固定污染源名单来自对第二次全国污染源普查提供的数据审核与汇总报送后形成的污染源数据，经核对扣除重点固定污染源排污企业后形成的企业名单集合，初始化服务包括对一般污染源身份库、污染源档案进行打标签工作。

（5）图层资源索引创建。图层资源索引创建是指将生态环境大数据支撑平台所集成的全部图层资源内容初始化到智能检索中创建索引内容。

（6）服务接口索引创建。服务接口索引创建是指将产品所发布的所有内／外部接口的名称与描述作为服务接口。

（四）环境模型服务

随着各项环境污染防治、环境监管工作的不断深入，环境管理部门在水环境、大气环境、土壤环境、污染源监管等业务管理领域积累生成许多模型算法，包括环境监测超标告警、污染源监管预警、排放规模分析、环境质量预测等。但这些算法散落在各自业务系统中，没有系统将算法信息进行集中展现，也没有工具支撑模型全流程开发。这导致算法的共享程度、业务分析支撑能力都很弱，不能满足业务部门跨域数据分析和各信息化建设厂商数据分析成果参考、调用的需求。

为了进一步提升大数据业务分析成果共享能力，深入拓展大数据使用范围及力度，更好支撑日常业务与管理决策，相关部门应构建环境模型服务展示平台，提供各类算法的集中展示，包括对算法基本信息、模型执行情况、模型成果及模型应用情况的展示，极大满足用户多角度的模型服务检索、业务分析支撑需求。典型示例如下：

1.AI 分析模型服务

为了让使用者快速了解模型使用场景及模型整体情况，AI 分析模型服务面向模型使用者提供翔实的模型服务内容，从模型基本情况的描述、模型成果输出、模型结果应用系统三个方面提供全面的服务，让用户从各个角度了解模型结果及使用情况。

2. 业务规则服务

业务规则服务可以向用户全面提供业务规则基本情况、规则结果输出以及规则所服务的应用，使用户快速了解规则生成结果与系统应用情况，为用户参考提供有力的实例支撑。

（五）数据产品服务

数据产品服务是指构建以固定源为分析核心的数据产品服务，对固定源全生命周期发展过程进行全面监管；对固定源企业特征进行深度刻画，实现以固定源为主线的固定源档案、群体画像、精准画像服务提供，满足数据共享以及大数据分析应用需求。

固定源档案服务提供统一标准源基本信息以及相关业务数据查询，辅助使用者快速了解固定源情况；固定源画像则以打标签的方式多层次、全方位对固定污染源进行深度刻画，从而进一步满足业务管理与综合分析需求。典型示例如下：

1.污染源档案

污染源档案信息展现及查询功能，包含污染源分类查询、基本信息、排污许可证信息和污染源监管、污染物排放、污染源监测等污染源动态管理的全方位业务数据，对污染源的环境统计、污染源普查、自动监控、监督性监测等不同数据来源业务数据进行关联查看；通过摘要信息页面显示污染源重要信息及最新污染源监管信息，时间轴展现污染源档案最新更新数据情况。

（1）污染源档案分类查询。查询不同污染类型的污染源档案信息，包括工业源、农业源、集中式污染治理设施。用户可设置查询条件包括按全部档案、环境管理属性、污染源类型等进行查询。

（2）企业信息。企业信息整合企业工商法人信息，形成企业权威信息，匹配污染源信息，形成"一企多源"。

（3）污染源档案摘要信息。污染源档案摘要信息反映污染源最新环境管理动态，包括基本信息、环境管理属性标签、空间定位、排污许可信息、时间轴显示档案最新更新数据情况。

（4）污染源档案详情。整合污染源信息，可对污染源信息进行查询、展示，污染源档案详情分为基本信息、排污许可信息、污染源排放信息、污染源监测信息、污染源监管信息五部分。

2. 企业群体分析

为满足业务部门实际工作中对于重点污染源的监管需求，满足固定污染源管理部门全面深入掌握污染源整体情况，相关部门需要多层次、全方位对固定污染源进行深度刻画，进一步支撑业务管理与综合分析需求。

基于标签智造工厂生成的各类特征成果，结合大数据分析应用场景需求从企业整体情况至企业特征精准刻画，从企业基本信息、排放监管等多个层面深入特征提取，并结合 GIS 地图，实现企业特征的综合查询与统计分析。

（1）企业标签综合查询。依托企业标签成果，构建企业标签查询体系，使系统满足用户多维度、多场景的即时查询需求，实现企业群体的快速聚类及展现。结合 GIS 提供企业群体的精准定位，结合列表展示实现企业明细的全面获知。

（2）企业空间特征。以综合查询后企业群体为基础，结合 GIS 展现形式，从企业点位查询、行业、区域、流域、业务范围等多个维度实现多指标下的企业空间特征展现，更加直观清晰、快速了解企业统计、分布特征。

（3）企业群体画像。以单个企业特征为基础进行群体企业的特征综合统计，把打上企业数最多的特征值按重点程度、正负面、特征聚类进行群体企业特征画像，让用户一目了然掌握企业显著特征。

3. 企业精准画像

企业精准画像通过打标签的方式对企业特征行为进行静动态深化描述，以日常海量业务数据、经济数据、其他外部数据为基础，总结数据内在规则算法并进行数据关联分析，找出企业潜在业务风险，辅助信息公开，鼓励企业绿色发展；识别高风险企业，助力环境监管与企业自律。

从企业特征概览、排放行业特征、监管行为特征等几个方面进行全方位的画像，着重为用户呈现整体特征、废水、废气排放特征、预警特征，辅助日常管理与决策。

（1）企业标签概览。对企业整体特征进行多角度展示，要先将表征企业管理特性以及规模体量的特征实现集中展示；将企业正负面形象特征实现重点显示，让用户一目了然获取企业重点特征。

实现企业所有特征的分类别词云展示，一方面，可以了解企业到底有哪些特征，另一方面，了解各类标签对于企业表征程度，特征值越大，说明企业该特征越显著，越能表征企业的特性。

（2）排放特征。基于排放特征标签，从治理设施、排口、生产设施以及各污染物排放规模层面全面刻画企业排放特征。

（3）企业标签查询。就单个企业打上的标签进行展示，包括标签名、标签值的展示。

（六）数据定制服务

数据定制服务通过提供自定义查询和报表、API 接口、AI 模型的定制服务满足业务中经常变化的分析展现需求和获取不同资源的个性化需求，从而更好地满足日常业务的需求。

第六章 大数据在生态环境管理 与监测中的应用

大数据可以被定义为来自各种来源的大量非结构化或结构化数据。本章为大数据在生态环境管理与监测中的应用，主要介绍了两个方面的内容，分别是构建生态环境大数据管理支撑平台、运用生态环境监测大数据技术。

第一节 构建生态环境大数据管理支撑平台

生态环境大数据管理支撑平台在采集、集成、管理大量环境数据之后，围绕生态环境业务需求，对数据进行深入挖掘，并依托大数据基础管理和大数据应用支撑，结合环境管理业务，为生态环境部门提供便捷的数据挖掘、分析算法，为业务应用提供预测、对策、决策数据支撑，辅助环保部门进行环境问题分析、趋势发展判断，支持生态要素的各类复杂分析与应用。

一、生态环境大数据管理支撑平台概述

（一）平台发展现状及问题

党中央、国务院对我国大数据的发展与应用高度重视，并将之列为国家级发展战略，各部门纷纷出台指导意见和实施政策。因此，借助大数据、云计算等科技手段，推进环境治理能力现代化已成为我国环保事业发展的必然趋势。生态环境大数据的应用为生态环境领域的研究带来了前所未有的机遇，也为环保工作提供了新的发展契机。

环境数据在技术的推动下，正逐步展现出巨大的容量、多样化的类型以及高速的存取速度等特点。

除此之外，在我国环境治理领域，大数据的应用仍有待深化。环境业务信息系统虽积累了一定的环境管理数据，但多数依然停留在原始数据收集展示的层面上，无法做到智慧化的分析与发掘，难以为科学决策提供支持。这无疑警示我们，要想实现环境治理的创新，就必须正视数据挖掘与分析的重要性。

（二）平台定位及重要意义

生态环境大数据管理支撑平台是智慧环保环境监管、目标管控与各类服务等上层应用的建设基础。生态环境大数据管理支撑平台提供两种支撑能力：一是提供大数据存储、分析执行基础能力，主要包括大数据存储能力、数据分析计算能力、全文检索以及平台运维管理能力；二是基于大数据技术能力以及丰富业务分析场景积淀，构建数据价值发现、挖掘分析平台与可视化场景服务为目标管控、环境监管及各类服务提供辅助管理与决策支撑。生态环境大数据管理支撑平台的重要意义在于以下三方面：

1. 拓展大数据存储分析能力

大数据时代，各类数据的存储、管理和处理成为一大挑战。为了应对这一挑战，我们需要拓展大数据的存储能力，重点解决复杂结构化、半结构化和非结构化大数据的管理与处理技术。在这一过程中，我们还要关注大数据存储管理、分析服务、安全管控等多个方面，推动大数据技术在各领域的广泛应用，为我国经济社会发展贡献智慧和力量，为各类大数据应用建设和政府科学决策提供支撑。

2. 促进大数据融合共享能力

我们需要借助统一的信息准则与技术规范，构建以环保部门业务数据、监测物联网传感器数据为主，并结合外委办局数据、社交网络交互数据及移动互联网数据等为辅的全方位覆盖环境业务领域的大数据资源体系，促进环境内部、外委办厅局以及社会公众层面的数据资源共享与生态环境数据的公开透明。

3. 助力环境精准监管和科学决策

我们需要构建数据智能化创新环境，实现监管对象特征提取、数据分析挖掘，并通过可视化展示方式，将看不见摸不到的环境问题直观展示出来，服务于监测执法、环境形势综合研判、环境政策措施制定、环境风险预测预警、重点工作会商评估，提高生态环境综合治理科学化水平，提升环境保护参与经济发展与宏观调控的能力。

二、生态环境大数据管理支撑平台体系架构

（一）总体架构

1. 设计理念

（1）遵循数据中台设计体系方法，着力提升平台的基础能力，从存储结构、执行环境构建、计算能力支撑几个层面持续提升中台服务能力。

（2）以提升智慧服务能力、解决环境问题为目标，依托大数据分析技术，结合业务场景积淀优势，积累、创新环境行业模型、管理对象标签，进一步提升环境行业分析能力。

2. 架构组成分析

遵循以上设计理念，生态环境大数据管理支撑平台是整个数据中台的重要组成部分，如图 6-1-1 所示：

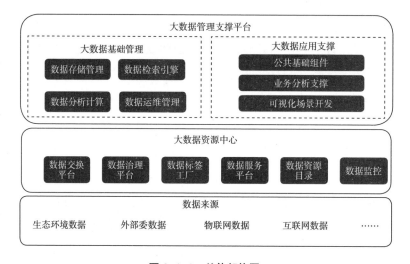

图 6-1-1 总体架构图

（1）大数据资源中心。生态环境大数据资源中心将依托生态环境信息资源整合共享，重点解决复杂结构化、半结构化和非结构化、时序数据高效接入、有效整治与融合，为提高海量环保数据存储、查询、分析提供基础数据支撑。

（2）大数据基础管理。从数据存储、分析计算、检索引擎、运维管理四个方面可以体现大数据基础管理的能力。生态环境大数据基础管理为整个生态环境大数据管理支撑平台提供基础能力平台，主要包括大数据存储能力、数据分析计

算能力、全文检索以及平台运维管理能力，为数据资源中心建设、大数据应用支撑提供有力保障。

（3）大数据应用支撑。大数据应用支撑是业务与分析技术充分结合的、业务能力不断积淀的、数据价值持续提升的数据智慧生产中心。以大数据资源汇聚成果、管理支撑能力为基础，基于物联监测、遥感、视频多源异构数据，结合业务分析场景需求深度挖掘业务内在逻辑与关联性；从业务深度、广度双向加持，不断沉淀环境行业模型以及环境管理对象特征，从而为大数据分析场景、精细化监察执法业务分析应用提供辅助决策支撑。大数据应用支撑除丰富的业务积淀外，还具备敏捷数据分析开发能力，从模型计算、标签生成、可视化支撑、公共基础组件支撑几个层面为智能分析成果生产助力。数据开发能力主要包括公共基础组件、业务分析支撑与可视化场景开发。

（二）技术架构

为保证项目的先进性，以更好满足用户实际工作需求，最大限度发挥项目的作用，在项目建设过程中将应用多种技术和大数据管理支撑相关的技术。架构主要体现在数据支撑层与应用支撑层。如图 6-1-2 所示，整体技术架构系统自下向上分为四层：基础设施层、数据支撑层、应用支撑层、业务应用层。

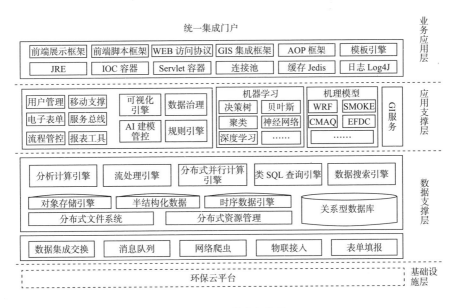

图 6-1-2　技术架构图

1. 基础设施层

环保云平台为上层提供基础硬件服务，确保计算资源、存储资源及网络资源等硬件设施的稳定运行。

2. 数据支撑层

数据支撑层包含三大类服务：数据接入服务、数据存储服务和数据分析计算服务。

数据接入服务提供了数据接入能力，针对不同的数据类型和接入场景，提供不同的技术实现。

数据存储服务针对结构化数据、半结构化数据、非结构数据的特点，采用不同技术提供了分门别类的专用存储服务。

数据分析计算服务是为上层应用提供数据应用的底层能力，如计算、查询、统计、分析等。

3. 应用支撑层

应用支撑层介于数据服务层和业务应用层之间，提供技术层面的通用组件或服务，同时提供数学模型，为上层具体业务提供模型支持。本层主要包括以下内容：

（1）面向软件集成的通用技术组件，如统一的访问控制、统一的流程管理集成服务总线等。

（2）面向数据应用的支撑组件，如数据可视化、数据建模分析等。

（3）面向机器学习的算法模型。

（4）面向大气、水等特定环境业务的机理模型。

（5）面向地理信息的 GIS 服务组件。

4. 业务应用层

业务应用层为生态环境大数据管理支撑平台相关应用、数据产品提供业务应用支撑包括展示框架、访问协议、日志收集等。

（三）功能架构

生态环境大数据管理支撑平台功能架构如图 6-1-3 所示。

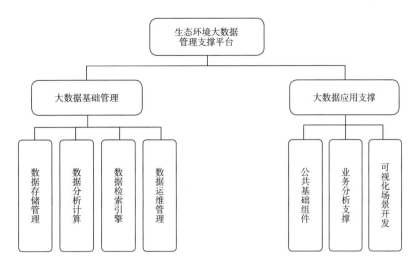

图 6-1-3　生态环境大数据管理支撑平台功能架构图

大数据基础管理：提供数据的存储管理、分析计算、检索引擎、运维管理四个方面来说明大数据基础管理的能力，为数据资源中心建设、大数据应用支撑提供有力保障。

大数据应用支撑：通过搭建公共基础组件、业务分析支撑及可视化场景开发，为集约化开发、大数据分析应用提供有力保障。

三、生态环境大数据管理支撑平台的主要功能

下面着重说明平台主要包括的两大功能：一是大数据基础管理，是数据运行、计算、应用支撑的基础保障平台；二是大数据应用支撑，面向应用层提供公共组件、数据分析加工、可视化保障。

（一）大数据基础管理

从数据存储、分析计算、检索引擎、运维管理四个方面说明大数据基础管理的能力，生态环境大数据存储与计算为整个生态环境大数据管理支撑平台提供基础能力平台，主要包括大数据存储能力、数据分析计算能力、全文检索以及平台运维管理能力，为数据资源中心建设、大数据应用支撑提供有力保障。

1. 大数据存储管理

业务部门在日常业务管理中，会产生不同类型的数据，有文档和存在于信息化系统中的数据，有从数采仪上直接接入的数据，还有日志、舆情数据。为了高效合理利用这些数据，需要选择满足其应用需求的存储方式。数据存储管理能够提供多种存储类别的管理，包括构建结构化数据、非结构化数据、半结构化数据、时序数据存储管理，从而满足业务部门多类型数据的存储需求。

2. 数据分析计算

数据分析计算是整个大数据分析应用的底层支撑，既是大数据分析的计算查询环境，也是大数据分析任务的运行环境，支撑大数据开发环境的有效运转根据数据形态与执行方式的不同，支撑可以分为数据分析引擎、类 SOL 查询引擎。

（1）数据分析引擎。基于大数据基础平台提供的资源管理、调度能力，数据分析引擎为分析人员提供任务级并行分析框架，对 TB 级的数据进行有效分析，并输出计算结果。同时，平台还提供类 SOL 查询引擎，为分析人员访问结构化数据提供了非常强大的交互分析引擎。

（2）实时流处理引擎。在空气质量监测、水质监测、污染源在线监控等环保领域，通常需要对采集到的关键指标数据进行及时的运算，根据运算结果对于超过预警线的情况给予及时的报警。弹性流数据处理引擎通过接收实时数据接口发送来的实时数据根据预先订的数据类型规则进行实时数据处理。通过 SparkSQL 执行引擎的流处理引擎，并在 SparkSQL 引擎上使用 DalaSet/DataFrame API 处理流数据的聚集、事件窗口、和流与批次的连接操作，Stuctured Streaming 提供快速、稳定、端到端的恰好一次保证，支持容错的处理。

3. 数据检索引擎

大数据检索引擎通过整合结构化、非结构化数据，提供全部数据、报表文档、固定源几个分类的统一检索和分类检索。大数据检索引擎能够通过实时统计分析用户搜索内容的动态变化，实时感知需求热点的变化，为用户提供个性化的服务，具体架构如图 6-1-4 所示。

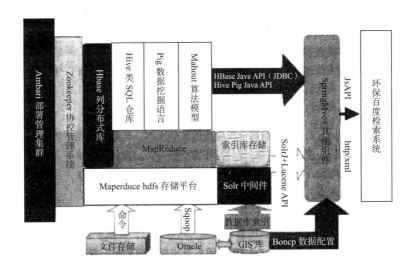

图 6-1-4 大数据检索架构

4.数据运维管理

运维管理平台是大数据存储与计算平台的监控平台,提供对大数据基础环境软硬件的监控,实现对平台运行状态的全面掌控。

Ambari 是 Hortonworks 开源的 Hadoop 平台的管理软件,具备 Hadoop 组件的安装、管理、运维基本功能,提供 WebU 进行可视化的集群管理,简化了运维、使用难度。

Ambari 提供机器级别的操作(Host Level Action)和模块级别的操作(Component Level Action),并提供以数字仪表板(Dashboard)形式组织的监控功能。

(二)大数据应用支撑

1.公共基础组件

微服务应用开发提供基础中间件的功能服务,为各业务系统提供基础、公用的支撑组件,无须在各业务系统中单独做,只需依托平台提供的服务即可完成特定的功能。

主要建设包括微服务中心、日志管理、用户管理、GIS 管理应用支撑内容实现不同类型环保项目的流程和表单的自定义。具体包括以下几方面:

(1)微服务中心。微服务框架(图 6-1-5)提供高性能高可靠的微服务开发和服务注册、服务治理、配置管理等全场景能力,帮助实现微服务应用的快速开发和高可用运维。微服务框架提供服务开发、在线测试、性能优化、安全加固、调用链跟踪等功能，核心组件包括配置中心、注册中心、熔断器、分布式链路跟踪、服务网关等。通过微服务框架，各应用可快速灵活地构建自己的微服务，同时可将该微服务通过服务网关等组件进行快速共享发布，实现不同应用间的数据访问、业务协同。

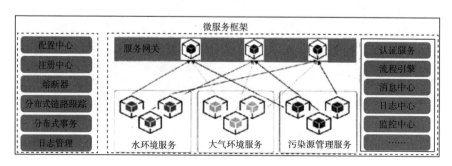

图 6-1-5　微服务框架图

（2）日志管理。日志管理对日志进行集中管理和准实时搜索、分析，实现全站日志的统一收集、管理、展示、分析，包括用户登入登出日志、应用功能浏览日志、户操作审计日志、应用异常日志等，满足对日志的全面集中管控需求。如图 6-1-6 所示，为日志管理总体架构设计。

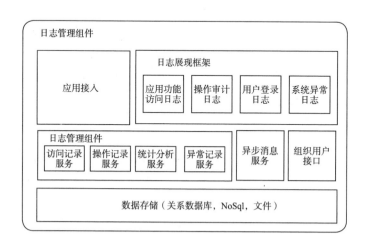

图 6-1-6　日志管理总体架构图

（3）用户管理。用户管理提供用户及其权限的全生命周期的管理服务，包括组织用户管理统一资源管理、统一授权管理；根据统一的数据规范，建立灵活的用户认证和数据接口，为各个应用系统以及门户系统提供认证和数据同步服务；在安全方面，提供安全策略管理（如登录次数限制，密码复杂度等），安全日志记录和审计。用户管理总体架构设计如图 6-1-7 所示。

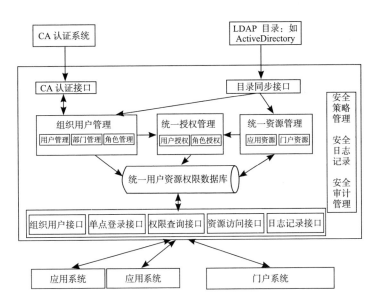

图 6-1-7　用户管理总体架构图

支持分级管理，如每级组织可各自独立维护本组织的部门信息、用户信息和用户权限。

分级管理的核心逻辑，是某组织的管理员登录，只显示本组织的部门、用户、角色数据，从而做到独立管理本组织。可选显示子组织，以提供父组织干预子组织管理的入口。

（4）GIS（环境地理信息平台）支撑管理。通过建立有效的地理信息共享机制，提供服务级共享，实现平台间不同尺度、不同范围环境地理信息的互相调用，从而减少平台间数据库内容的重叠度打破信息孤岛。这样能够极大地提高地理信息的利用率，促进包括地理信息在内的各类环保资源信息的分建共享。

总体架构设计：环境地理信息平台为空间信息平台建设提供支撑，纵向划分为基础设施层、数据资源层、平台服务层、应用功能层四层架构。如图 6-1-8 所示，为环境地理信息平台体系架构图。

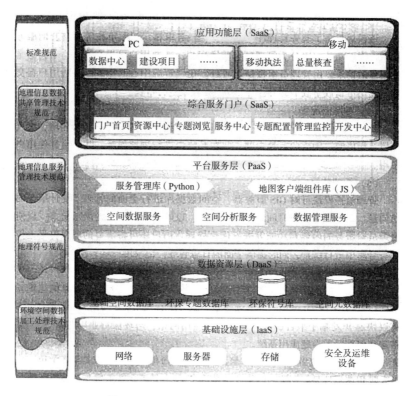

图 6-1-8　环境地理信息平台体系架构图

①概览。可便捷查看平台特性、资源概况、热点服务访问量、服务近七天访问量、服务最近更新几个模块。服务访问量统计以柱状图的形式展示访问量最多的几个服务，用户访问量统计以饼状图的形式展示用户的访问量，服务资源最近更新展示最近几天更新的服务。②资源中心。资源中心模块是结合了环境空间数据、服务资源信息浏览与应用、服务可视化为一体的综合应用模块。依据《环境基础空间数据加工处理技术规范》的分类方法将服务资源按门类、大类、中类进行分类编码，从而实现了服务资源的规范化、便捷化管理。③服务中心。该模块具备了服务管理、目录维护、服务审核、权限审核等一整套的服务管理方案，功能权限分为管理员和普通用户，普通用户可提交发布、注册、除服务的请求，由管理员审核是否通过。在"资源中心"中，当普通用户提交数据使用申请或下载申请时，管理员在该模块进行审核。④专题图配置。平台提供专题图配置模块，能够集成各系统的专题图，包括水环境、大气环境、污染源、固废危废等专题，

并在系统内进行浏览展示，共享给其他用户使用。⑤管理监控。管理监控模块可对 CIS 服务器、空间数据库进行全面的管理。统计服务的访问量、服务平均响应时间、用户访问量，以图表将其直观地展示出来，以便管理员对服务的内容和性能等进行优化处理。用户还可将需要的环保符号上传到符号库中进行维护，同时提供全面的日志管理，记录用户对平台的各项操作。⑥开发中心。在平台地理空间信息服务的基础上，开发中心模块能够为用户提供二次开发接口及帮助文档，使用户能够创建基于浏览器的 WebGIS 应用。通过运用这些 API，用户能够高效地开发依托平台服务资源的 GIS 应用网站，并将其与环境保护行业应用系统整合，构建环保部门专属的专题应用系统。

（5）工作流管理。工作流组件是一套统一的工作流服务平台，实现全局新建业务系统的统一的工作流设计、运行、监控的环境。工作流管理系统包括图形化定义流程和监控功能及前端的任务管理功能。如图 6-1-9 所示，工作流组件总体架构设计。

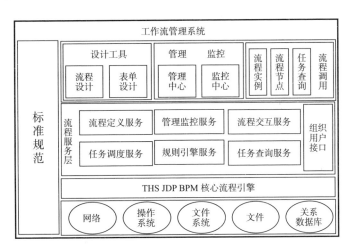

图 6-1-9　工作流组件总体架构设计

（6）表单管理。电子表单是相对纸面表单而言的，是用来采集和显示电子信息的载体。电子表单主要应用于业务处理（无纸化办公）、大量数据采集（快速定制）、规范管理表单和数据的业务场景。电子表单管理包括表单模型管理、表单组件管理、表单分析设计、表单展现效果。如图 6-1-10 所示，为表单工具总体架构设计。

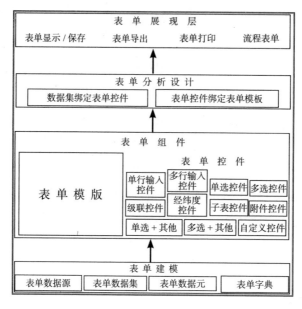

图 6-1-10　表单工具总体架构设计

（7）移动支撑管理。移动 App 综合支撑平台能够提供整体的、开放标准的、具有前瞻性的移动应用技术方案，简化开发复杂度，降低开发成本。移动支撑管理包括移动支撑的功能由移动应用开发平台以及移动应用管理平台构成。如图 6-1-11 所示，为移动支撑平台总体架构设计。

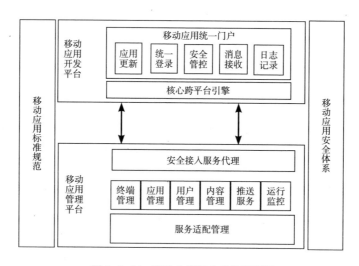

图 6-1-11　移动支撑平台总体架构图

①移动应用统一门户。所有的移动终端应用以应用商店的形式统一集成在移动终端门户系统中，用户可以在后台管理各类企业移动应用并分发给不同用户的手机上，同时移动门户还具有单点登录、栏目定制、安全控制等功能。②核心跨平台引擎。核心跨平台引擎可以完成平台差异性封装、插件管理、HTML 界面管理等功能，通过丰富的界面间切换动画能力提高用户体验。同时引擎内嵌用户统计、应用功能管理等服务，配合移动管理平台，无须开发即可实现详尽的用户行为统计和分析。借助跨平台引擎技术，HTML 开发人员成为移动应用开发的主要群体，负责业务应用的具体逻辑、用户交互的实现。当应用不需要定制原生插件时，HTML 开发人员即可完成整个应用全部功能的实现。插件开发人员负责为项目完成定制插件的封装，插件不再与业务逻辑挂钩，只负责完成特定的功能，例如，二维码扫描、拍照录像等，HTML 开发人员通过 Java Script 调用插件实现具体的业务功能。少量原生开发人员即可支持多个项目的实施，降低人力投入成本。同时，由于插件的业务无关特性，使同一插件可以在不同项目中复用，这提高了资源利用效率。③ UI 组件及模板。移动应用开发平台内置了一些通用的移动客户端 U 框架组件，分别为：Action Sheet、Backdrop、ion-content、ion-refresher、Header、Footer、Button Lists、Card、Toggle、Checkbox、Radio Button、Range、Tabs、Slide Box、Side Menus、Seroll、Popup、Popover、Modal、Loading。对一些经常使用的人机交互场景，设定了基础的 U 模板（分为手机端和平板端）供开发人员使用，以达到快速开发的目的。④插件开发。THS Mobile TM 与插件的开发与 Cordova 开发标准一致，开发人员可以自行完成原生应用插件的开发、调试、跟踪，并可以直接生成和发布插件发布包。IDE 可以直接引入发布的插件包，实现 HTML 开发人员与插件开发人员的协作开发。验证过的插件包可以导入到 SDK 中，供各种项目调用。⑤ SDK。移动应用有很多额外的独特需求，THS Mobile TM 预置了一些常用的功能或第三方组件库资源，分别有：徽章 / 消息通知图标、定位、相机、电池信息、文件传输、本地通知、短信、媒体、音频、图片选择、消息推送、地图、统计图等功能，且不断集成各项目中已验证的插件包，开放给第三方机构调用。⑥ IDE。IDE 采用国际通用的 HTML 语言作为跨平台支撑语言，支持跨平台应用以及本地打包支持和本地模拟调试等功能。⑦页面抓取。对老应用系统的页面抓取开发技术，通过网页适配的模式，在对老应用系统业务

逻辑不改变的情况下，实现快速的移动化。在服务端接收到客户端的请求后，通过路由控制器定位到相应指令的处理程序。该程序将模拟原 Web 系统的操作，捕获响应结果数据，并将其转换为客户端所能识别的语言格式（如 JSON、XML 或其他文档等数据格式），最终返回给客户端。

2. 业务分析支撑

大数据分析场景的实现程度，应用效果如何取决于需求的明确、算法的选择、算法实现平台的支撑能力以及场景可视化能力。优秀的开发环境能够涉及大数据智能创新方方面面的需求，并能提供稳定、高性能的开发、执行环境，从而保证分析演示成果的快速输出。

敏捷大数据开发提供大数据分析、大数据可视化展现的开发工具，业务系统或数据实施单位都可利用该开发环境实现监管对象特征刻画、数据分析成果输出以及业务展现可视化呈现。

基于业务分析应用实际需求，利用规则分析支撑服务、AI 分析模型服务标签智造工厂、可视化支撑服务实现算法执行，满足大数据应用场景需求。

（1）AI 分析模型管理。AI 分析模型开发可提供智能化的模型分析开发环境、强大的计算能力，可将业务分析场景算法化、服务化，能够通过直观、简洁、生动的展示效果，实现对水、气、土壤、辐射等业务主题的环境问题分析、预测、污染防治、规划科学化决策等支撑，让决策者和管理人员迅速发现问题，找到问题成因，进而制定有效解决措施。

同时基于内置统计分析、机器学习算法库，提供分析项目创建、配置、发布与执行环境，满足用户对分析数据的获取需求、可视化分析结果查询展示的需求。主要包括模型定义开发、模型调度、模型服务、模型作业、通用算法模型管理。

①模型定义开发。面向模型开发人员提供模型的全面定义，以清晰简便的流程导向引导用户快速完成模型基本信息定义与开发配置。通过模型定义，为模型开发者提供从模型基本信息、模型开发环境两方面服务，从而实现模型基本信息定义及开发。②模型调度。针对不同的数据类型与应用场景，模型任务执行的时间可能不同，模型调度面向用户提供灵活执行时间的配置服务，满足用户对于数据产生频率的设定需求。③模型服务。模型服务是针对开发成果进行展示结果形式、数据内容的编辑以及服务使用情况的统计。模型服务的构建，一方面，支撑

模型开发人员实现展现结果的配置；另一方面，为模型使用者提供结果查询、服务使用情况的支撑。④模型作业。平台提供模型作业监控服务，用户可全面了解各项任务作业的执行情况，既可了解规则作业的历史执行情况，也可实时获取当前时间点任务执行动态。主要包括任务是否正常执行、运行时长等。⑤通用算法模型。不断丰富积淀环境通用算法库，提供三个方面的支撑：一是支撑完成通用的数据分析需求；二是为业务模型算法提供基础算法的支撑；三是不断积淀算法，形成算法知识库。平台提供各类统计分析、机器学习算法的介绍，以便用户可以随时进行基础算法的了解及应用的场景。算法库将算法按类别进行分类，方便用户根据分析需求尽快找到相关算法，同时提供对每类算法的详细描述为用户提供深入的算法详情介绍。

（2）业务规则管理。规则引擎将业务规则和开发者的技术决策分离，实现了动态管理和修改业务规则而又不影响系统需求。规则分析以规则引擎为基础，面向数据分析人员以及实际使用者提供规则的详细定义及规则作业的监控服务，极大满足了用户的业务分析场景实例化的落地需求。规则分析提供规则定义环境、任务执行监控，贯穿规则的定义、开发、结果配置与服务监控，为规则开发实施者提供了方便快捷的操作环境。业务规则管理主要包括规则定义开发、规则调度、规则服务、规则作业管理。

①规则定义开发。通过自定义规则内容实现规则的建立及规则服务的输出。主要从规则基本信息、规则开发两个方面进行定义。基本信息是对业务规则的基本概况的描述明确定义了规则名称、应用的场景、数据来源、所属主题等，同时就规则内容进行标签化描述，让用户一目了然掌握规则特征；规则开发为用户提供了简单便捷的开发平台，提供规则与任务的关联选择。平台提供流程化规则任务配置环境，用户可按流程提示快速完成规则语句、规则任务的生成。②规则调度。规则调度面向用户提供灵活执行时间的配置服务，满足用户对于数据产生频率的设定需求。不同的数据类型与应用场景，规则任务执行的时间就会不同需要用户根据实际需求配置。③规则服务。规则服务是针对开发成果进行展示结果形式、数据内容的编辑以及服务使用情况的统计。规则服务的构建，一方面，支撑规则分析人员实现展现结果的配置；另一方面，为规则用户提供结果查询、服务使用情况的支撑。④规则作业管理。通过提供规则作业监控服务，用户可全面了

解各项任务作业的执行情况，既可了解规则作业的历史执行情况，也可实时获取当前时间点任务执行动态。主要包括任务是否正常执行、数据条数统计等。

（3）标签智造工厂。实现固定源的灵活分检和特征预警的精准画像，需要建立能够灵活、动态生产标签的标签管理应用。基于标签的特征和全生命周期过程，建立适合生态环境大数据的标签管理中心，和现有生态环境资源中心进行无缝整合，提供针对固定源管理的快速标签定义、生成和管理的系统。

标签工厂是固定源统一管理和应用的基础，实现固定源标签定义及管理包括概览、标签实体定义、标签定义、标签主题定义、标签作业监控、标签评估等功能。

利用标签工厂的生产能力，建设固定源基础标签库，包括基础属性标签和监管属性标签，明确固定源标签分类体系，完成固定源标签的定义、生成规则等管理过程，为固定源精准画像应用提供数据服务。

①标签概览。基于标签智造工厂设置生成的标签成果，从总体、实体分类两个层面进行标签数量、运行情况、使用情况的统计，满足用户对标签整体情况把控的需求。②标签实体管理。标签实体管理是标签生成的第一步，是标签定义的环境实体，即环境监管对象。监管对象包括点源、面源、移动源等，标签实体管理提供无上限的标签实体定义，并提供灵活的对象设置功能。包括对监管实体信息名称、来源的数据表、启停状态以及要抽取展现的实体字段等进行维护，为标签的生成建立主体依托。③标签定义管理。标签定义管理是基于某一实体，实现标签分类体系以及标签内容的全面定义。包括标签基本信息、生成规则、值域的配置以及作业调度、维护状态的设置。④标签评估。标签评估是对标签的生成质量进行标签打上企业数量、标签值域不符企业统计的评估，从而掌握标签生成成效以及存在的问题，为标签质量提升提供改进依据。⑤标签主题管理。标签主题管理支撑业务场景的分析主题定义，满足用户灵活配置、场景化、标签化的企业群体查询需求。即：根据用户分析场景的描述进行标签定义，并在标签基础上建立相关主题并发布于前端应用。标签主题管理包括主题定义、主题标签维护功能。⑥标签作业监控。标签作业监控实现对标签任务运行状况的监控，辅助数据实施人员或运维人员及时发现任务执行异常情况，保证标签结果顺利生成。⑦标签访问日志。标签访问日志记录了用户访问标签的情况，是对用户行为的痕迹追踪，目前标签访问日志只记录标签即席分析和接口调用的日志。

3.可视化场景开发

敏捷大数据开发提供大数据分析、大数据可视化展现的开发工具，业务系统或数据实施单位都可利用该开发环境实现监管对象特征刻画、数据分析成果输出以及业务展现可视化呈现。下面将阐述平台大屏、报表可视化开发功能：

（1）大屏可视化。构建大屏可视化平台让非专业的工程师通过所见即所得的图形化界面，轻松搭建高水准的可视化应用。大屏可视化具有以下特点：①丰富的环境相关场景模板，便于快速搭建属于自己的大屏。内置水环境大气环境、固定源、数据资源等模板。②多种图表组件，细粒度的属性设置。内置柱图、饼图、线图、面积图散点图、2D地图、3D地图等，并能根据需要进行快速扩展。③丰富的动态组件，保证屏幕的动态效果。内置动态表格、跑马灯、词云数字翻牌器、轮播图、视频播放组件等。④简易的组件级联设置，能使多个组件间实现通信互动。⑤能适应不同分辨率的需求，使一个大屏在多种分辨率屏幕中展示。

（2）报表可视化。报表可视化提供在线数据报表设计、发布、管理的完整服务，包括全新、高效的Web报表设计器，简单易用的拖拽式用户数据分析模式，丰富的报表展现输出形式，灵活的查询交互配置工具等。同时，报表可视化提供灵活的应用与集成方式。用户可以根据需要灵活地选择不同产品版本来使用所需的模块与组件，可通过接口实现单点登录集成，并且基于权限集成接口为用户实现与已有业务系统的用户与权限数据同步。

第二节 运用生态环境监测大数据技术

运用生态环境监测大数据技术，可以起到精准监测、预警预测、资源优化、辅助决策、共享服务等方面的作用。生态环境监测大数据技术的运用将为生态环境保护与管理提供更为科学、精准、高效的手段，推动绿色发展，促进生态文明建设。下面以青海和内蒙古为例介绍生态环境监测大数据技术的运用：

一、青海省生态环境监测大数据平台

青海省是国家重要生态功能区和生态安全屏障，生态环境敏感且脆弱。目前青海省的生态保护划分为5个生态板块，分布多个自然保护区和多个国家公园。

基于大数据管理平台的数据支撑，建立针对各类环境要素和管理对象的监测大数据应用。在资源规划和数据汇聚的基础上，构建"一张网、一平台、N应用、一张图"，为生态环境监管、社会公众和企业、相关其他政府部门提供数据共享服务。为全面、及时、准确地监测和评价生态环境概况，生态环境厅全面开展天空地一体化的监测，对青海全区进行及时的生态环境质量监测和评估，并依托大数据平台实现对各类监测数据的接入整合和管理。在天空地一体化监测的基础上，大数据平台通过整合一站式监测综合分析等数据，实现对生态环境的整体状况进行及时的评估，以体现各区域生态状况的变化趋势。

大数据平台按照"大平台、大整合、高共享"的集约化建设思路，围绕生态环境主题，整合汇聚了来自生态环境及相关厅局的业务数据、物联网及互联网等数据。在充分整合各类监测数据的基础上，利用大数据的对比分析，结合卫星遥感数据、生态红线、自然保护区等重点生态功能区域数据，定期智能识别可能的违法违规人类活动。通过结合线下的核查进行跟踪排查和处理，实现对生态环境的智能监管。同时，结合三线一单生态环境管控空间的划分，整合环境准入要求，对新建项目或工业园区的空间布局合规性等进行智能判别，从而加强环境准入的控制，确保国土空间安全。

二、内蒙古自治区生态环境监测大数据平台

结合自治区生态环境厅对生态环境保护工作的业务需求，依托生态环境大数据建设成果，经过四年的建设，内蒙古自治区生态环境大数据建设项目初步构建了一中心、一平台、N应用的生态环境大数据体系。项目加强了监测数据采集汇聚和治理融合，建设了监测全维时空展示应用，实现了环境状况"一张图"、监测业务"一张图"、要素专题"一张图"、可视化综合查询；实现了入河排污口监管应用和监测数据专题服务，提升了生态环境监测数据的使用效率和应用深度，为生态环境重点业务开展提供支撑。

平台通过对大数据的规划、汇聚和管理，辅助完成大气污染防治、水环境污染防治、"一湖两海"流域污染防治、重点流域断面水质污染补偿管理、中蒙俄经济走廊生态环保大数据服务、互联网＋政务服务等工作。此外，平台还提供可视化的门户功能，能快速定制各类专题、分级管理体系、业务流程和属于自己的

门户，打通了公文系统、综合办公平台、外网门户网站，实现了政务信息共享，消除了数字孤岛，有效助力了业务协同和数据共享。

生态环境大数据建设项目未来将继续落实国家大数据战略和自治区大数据发展总体规划，以改善环境质量为核心，推进生态环境大数据的建设和应用，进一步提升大数据基础设施保障能力、汇聚治理服务能力、协同监管应用能力、综合决策支持能力和惠民惠企服务能力，支撑生态环境治理体系和治理能力现代化。

参考文献

[1] 郝千婷. 生态环境大数据应用 [M]. 北京：中国环境出版集团，2018.

[2] 赵小敏. 土壤地质与资源环境 [M]. 北京：地质出版社，2001.

[3] 黄功跃. 环境监测与环境管理 [M]. 昆明：云南科技出版社，2017.

[4] 施维林. 土壤污染与修复 [M]. 北京：中国建材工业出版社，2018.

[5] 施介宽. 大气环境及其保护 [M]. 上海：华东理工大学出版社，2001.

[6] 王献忠，边永欢. 大气污染控制工程 [M]. 成都：电子科技大学出版社，2019.

[7] 康德奎，王磊. 内陆河流域水资源与水环境管理研究 [M]. 郑州：黄河水利出版社，2020.

[8] 袁彩凤. 水资源与水环境综合管理规划编制技术 [M]. 北京：中国环境科学出版社，2015.

[9] 李开明，蔡美芳. 流域重点水污染源环境管理理论与方法 [M]. 北京：中国环境科学出版社，2013.

[10] 骆欣，刘柱，符露. 大气污染控制工程 [M]. 天津：天津科学技术出版社，2018.

[11] 唐婉婷，陈健芝，李舒婷，等. 土壤与地下水环境管理的影响因素与技术方案研究 [J]. 造纸装备及材料，2023，52（8）：160-162.

[12] 关琳，王让会，刘春伟等. 祁连山自然保护区生态环境大数据管理模式的探讨 [J]. 测绘通报，2023（7）：97-106.

[13] 陈家元，马细敏，卓晓菲. 土壤与地下水环境管理问题分析 [J]. 皮革制作与环保科技，2023，4（9）：30-32.

[14] 张倩. 土壤与地下水环境管理问题的思考与对策 [J]. 皮革制作与环保科技，2022，3（24）：147-149.

[15] 陈利彬. 土壤与地下水污染防治的环境管理对策研究 [J]. 皮革制作与环保科技，2022，3（14）：95-97.

[16] 赵雷.土壤与地下水环境管理问题思考与对策 [J].皮革制作与环保科技，2022，3（1）：170–172.

[17] 姚瑞华，张晓丽，严冬等.基于陆海统筹的海洋生态环境管理体系研究 [J].中国环境管理，2021，13（5）：79–84.

[18] 周雄.海洋生态环境监测体系与管理对策研究 [J].中国设备工程，2021（16）：135–136.

[19] 吴勇剑，张永.海洋生态环境监测数据管理研究 [J].粘接，2021，46（5）：80–84.

[20] 俞炜炜，马志远，张爱梅，等.海洋生态修复研究进展与热点分析 [J].应用海洋学学报，2021，40（1）：100–110.

[21] 张瑜婷.人类活动影响下银川平原地下水环境时空演化及调控研究 [D].西安：长安大学，2023.

[22] 刘美玉.中国大气污染的时空演变特征与政府治理效应研究 [D].石家庄：河北地质大学，2022.

[23] 马艺铭.垃圾填埋场周边土壤及地下水环境污染风险研究 [D].阜新：辽宁工程技术大学，2021.

[24] 孙亚.滨海地区地下水资源开发利用对生态环境的影响研究 [D].大连：大连理工大学，2021.

[25] 张文亮.海洋生态系统健康水平评价方法体系研究及应用 [D].天津：天津大学，2021.

[26] 林森霖.连云港市海洋生态环境治理问题与对策研究 [D].湘潭：湘潭大学，2020.

[27] 毛竹.海岸带水环境管理制度及其在中国的实践研究 [D].厦门：厦门大学，2018.

[28] 车京航.我国海洋生态环境管理研究 [D].大连：大连海事大学，2016.

[29] 陈仁杰.复合型大气污染对我国 17 城市居民健康效应研究 [D].上海：复旦大学，2013.

[30] 李晋.大气污染造成的健康损失评价研究 [D].西安：西北大学，2012.

[31]Iván S, Lázaro M, María–Ángeles P, et al. Past, present and future trends in the remediation of heavy–metal contaminated soil–Remediation techniques applied in real soil–contamination events[J]. Heliyon, 2023, 9（6）：e16692–e16692.

[32]Alicia F, Lorena S, RLJG, et al. Phytoremediation potential depends on the degree of soil pollution: a case study in an urban brownfield. [J]. Environmental science and pollution research international, 2023, 30（25）: 67708–67719.

[33]Jiapeng D, Ali Y K. Ecological environment pressure state and response system for coupling coordinate development: an application on china data. [J]. Environmental science and pollution research international, 2022, 30（10）: 25682–25690.

[34]Mukai K, Zhong Y, Hubbard P, et al. A preliminary study of environmental monitoring using embedded sensors in the soil: Environmental monitoring and risk assessment[J]. Japanese Geotechnical Society Special Publication, 2021, 9（5）: 164–168.

[35]Salvador A S. Occupational ecology: An emerging field for occupational science[J]. Journal of Occupational Science, 2023, 30（4）: 684–696.

[36]Girardi P, Garofalo E, Brambilla C P, et al. Implementation of a multi criteria analysis for the definition of environmental flow from hydroelectric diversions within an IWRM（integrated water resources management）framework[J]. La Houille Blanche, 2011, 97（6）: 11–16.

[37]Carolina R, Bárbara G, Caterin P, et al. Water Context in Latin America and the Caribbean: Distribution, Regulations and Prospects for Water Reuse and Reclamation[J]. Water, 2022, 14（21）: 3589–3589.

[38]Beibei R, Biao S, Xiaohong S, et al. Analysis of the Cooperative Carrying Capacity of Ulan Suhai Lake Based on the Coupled Water Resources–Water Environment–Water Ecology System[J]. Water, 2022, 14（19）: 3102–3102.

[39]Ziyang Z, Hongrui W, Li Z, et al. Synergetic Development of "Water Resource–Water Environment–Socioeconomic Development" Coupling System in the Yangtze River Economic Belt[J]. Water, 2022, 14（18）: 2851–2851.

[40]Junhong Z, Liquan G, Tao H, et al. Hydro–environmental response to the inter-basin water resource development in the middle and lower Han River, China[J]. Hydrology Research, 2022, 53（1）: 141–155.